中国科协生命科学学会联合体
China Union of Life Science Societies

中国生命科学十大进展 2022

中国科协生命科学学会联合体　编

中国科学技术出版社
·北　京·

图书在版编目（CIP）数据

中国生命科学十大进展 . 2022 / 中国科协生命科学学会联合体编 . -- 北京：中国科学技术出版社，2024. 12.
-- ISBN 978-7-5236-1208-8

Ⅰ. Q1-0

中国国家版本馆 CIP 数据核字第 2024KV6009 号

策划编辑	符晓静　王晓平
责任编辑	王晓平
正文设计	中文天地
封面设计	孙雪鹂
责任校对	焦　宁
责任印制	李晓霖

出　　版	中国科学技术出版社
发　　行	中国科学技术出版社有限公司
地　　址	北京市海淀区中关村南大街 16 号
邮　　编	100081
发行电话	010-62173865
传　　真	010-62173081
网　　址	http://www.cspbooks.com.cn

开　　本	710mm × 1000mm　1/16
字　　数	149 千字
印　　张	12.25
版　　次	2024 年 12 月第 1 版
印　　次	2024 年 12 月第 1 次印刷
印　　刷	大厂回族自治县彩虹印刷有限公司
书　　号	ISBN 978-7-5236-1208-8 / Q · 285
定　　价	88.00 元

中国科协生命科学学会联合体
简　　介

中国科协生命科学学会联合体（以下简称“学会联合体”）是中国科学技术协会（以下简称“中国科协”）的学会联合体，是非法人联合组织。学会联合体由中国科协所属生命科学领域的 11 家全国学会联合发起，于 2015 年 10 月 15 日在北京召开成立大会。

学会联合体的成立不仅是科技体制改革的重要举措，也是群团工作改革的创新举措，更是顺应现代科技发展规律的具体举措。生命科学领域是体现学科高度交叉融合的典型学科，也是目前我国在国际上有重要影响力的学科领域。学会联合体重在创建学科和人才间有机互动、协同高效、资源开放共享的长效机制，形成共谋发展、

联合攻关、协同改革的稳定体系。学会联合体所提供的大平台能够进一步突出科学家在科学研究及科技创新中的主体性，更好地发挥科技社团的组织和引导作用，促进成员之间的信息交流与资源共享，营造一个良好的创新环境。学会联合体通过开展大学科交流，促进学科间融合、合作，使更多的资源共享、共用，引导和促进协同创新，充分发挥学会联合体平台的集成优势，通过开展重大评估、设立重大奖项、提出重大计划、承担重要职能，凝聚各方科学家和广大科技工作者，提升我国国际话语权。

目前，学会联合体成员包括中国动物学会、中国植物学会、中国昆虫学会、中国微生物学会、中国生物化学与分子生物学学会、中国细胞生物学学会、中国植物生理与植物分子生物学学会、中国生物物理学会、中国遗传学会、中国实验动物学会、中国神经科学学会、中国生物工程学会、中国中西医结合学会、中国生理学会、中国解剖学会、中国生物医学工程学会、中国营养学会、中国药理学会、中国抗癌协会、中国免疫学会、中华预防医学会、中国认知科学学会、中国卒中学会共 23 家全国学会。

成立背景

学科发展需求

生命科学是一门发展迅速、多学科交叉的前沿学科，与人民健康、经济建设和社会发展有着密切关系，是当今世界备受关注的基础自然科学之一。近年来，中国生命科学学界取得了举世瞩目的成就，这与生命科学领域各学会在推动学科发展中所发挥的积极关键性作用是分不开的。

学会发展需求

加强各全国学会之间的沟通与资源共享，提升中国生命科学的国际影响力，更好地承接政府职能转移，加速全国学会的自身发展。

中国科协支持

在中国科协的倡议下，先由生命科学领域的 11 家全国学会作为发起单位，成立“中国科协生命科学学会联合体”，同时逐步邀请、吸纳中国科协所属生命科学领域各全国学会加盟，使学会联合体能够成为切实为各全国学会服务，进一步加强与中国科协的联系，大力推进我国生命科学发展的纽带。

宗旨与使命

学会联合体由中国科协所属的生命科学领域各全国学会，按照“自愿、平等、合作”的原则发起成立，与生命科学相关的各全国学会可自愿申请加入学会联合体。学会联合体在不干涉各全国学会自身工作的前提下，为更好地适应国家科技创新发展总体要求，探索科技社团的管理创新模式，促进资源互补和共同进步，推动科学普及、学术交流、咨询培训、合作开发、人才培养，加强生命科学与人类健康知识与文化传播，为国家经济与社会全面发展作贡献。学会联合体接受各成员学会的监督。

学会联合体的宗旨

——公平 · 合作 · 责任 · 发展

学会联合体的使命

——团结生命科学工作者，促进我国生命科学的繁荣和发展

——建立和完善学术和人才资源共享机制，促进科技人才的成长和提升，加速青年人才培养

——增强与政府职能部门的沟通，以促进政府职能向全国学会转移，促进成员学会的协同发展，增强全国学会承接政府转移职能的能力

——促进科学技术的普及和推广，加强产学研用相结合

——促进国内外合作交流，提升我国生命科学社团的整体竞争力，更好地为国家经济建设、全民科学素质提高及广大从事生命科学研究的科技工作者服务

——联合成员学会协同合作，完成单个全国学会无法开展的工作

本书编委会

中国科协生命科学学会联合体主席团

（按学会代码排序）

胡盛寿　中国生物医学工程学会理事长

杨月欣　中国营养学会理事长

张永祥　中国药理学会理事长

樊代明　中国抗癌协会理事长

吴玉章　中国免疫学会理事长

李　斌　中华预防医学会会长

陈　霖　中国认知科学学会理事长

王拥军　中国卒中学会会长

前　言 | Preface

生命科学已经发展成自然科学中最活跃的前沿学科之一。进入 21 世纪以来，生命科学正革命性解决人类发展面临的健康、环境和资源等重大问题。生物技术产业正加速成为信息产业之后又一个新的主导产业，将深刻地改变世界经济发展模式和人类社会生活方式。近年来，中国生命科学学界取得了举世瞩目的成就，这与生命科学领域各学会在推动学科发展中所发挥的积极关键性作用分不开。为了加强各学会之间的沟通与资源共享，提升中国生命科学的国际影响力，更好地承接政府职能转移工作，加速学会的自身发展，由中国科协倡议，生命科学领域的 11 个学会作为发起单位，于 2015 年 10 月正式成立"中国科协生命科学学会联合体"。目前，联合体成员包括 23 个生命科学领域的全国性一级学会。

自成立以来，联合体秉承"公平、合作、责任、发展"的宗旨，致力搭建高水平学术交流平台和高端科技创新智库，建立学术和人才资源共享机制，加强产学研用相结合，促进国内外合作交流，提升我国生命科学社团的整体竞争力，推动我国生命科学的创新和发展。

为推动生命科学研究和技术创新，充分展示和宣传我国生命科学领域的重大科技成果，自2015年起联合体以“公平、公正、公开”为原则开展年度“中国生命科学十大进展”评选工作。2022年，联合体各成员学会在广泛征求理事和专业分会意见的基础上，推荐具有创新性或先进性和重大学术价值或应用前景，主要工作在国内完成或以国内工作为主，并在国内外具有显著影响力的知识创新类和技术创新类项目。经各学会网站公示，在众多优秀成果中推荐1～6个本领域相关的重大进展，共计54个项目提交联合体评审专家委员会评审。经生命科学、生物技术以及临床医学等领域专家评选和联合体主席团核定，并报请中国科协批准，确定了2022年度“中国生命科学十大进展”。

入选的2022年“中国生命科学十大进展”分别为（排名不分先后）：①北京大学谢晓亮、曹云龙团队联合中国科学院生物物理研究所王祥喜团队和中国食品药品检定研究院王佑春团队合作的“新型冠状病毒突变株免疫逃逸机制”；②武汉大学泰康生命医学中心宋保亮团队的“胆固醇外排的新通路及降脂新策略”；③中国科学院动物研究所李伟、周琪团队与中国科学院分子细胞科学卓越创新中心李劲松团队的“哺乳动物染色体工程新技术与染色体人工演化”；④清华大学颉伟、山东大学陈子江与赵涵团队的“人类早期胚胎翻译组图谱及合子基因组激活因子研究”；⑤华大生命科学研究院汪建、徐讯团队的“高精度生命全景时空基因表达地图绘制”；⑥厦门大学林圣彩团队的“二甲双胍靶点的发现及其延缓衰老的机制阐明”；⑦首都医科大学附属北京天坛医院王拥军团队的“缺血性脑血管病精准治疗方案”；⑧上海科技大学池天团队的“快速基因解码技术描绘‘扰动图谱’”；⑨中国科学院生物物理研究所张宏团队的“多细胞生物自噬起始的分子机制”；⑩中国科学院分子植物科学卓越创新中心林鸿宣团队与上海交通大学林尤舜团队的“水稻抗高温基因挖掘及调控新机制”。

这10项成果不仅代表了中国生命科学领域在2022年取得的重大进展，也是世界生命科学领域的重要成果。这些研究成果不仅揭示了生命的新奥秘，同时也为生命科学的新技术开发、医学新突破和生物经济的发展打开了新的希望之门，并让世界更好地了解中国生命科学的现状和突飞猛进的发展势头。祝贺取得这些重要科学进展的科学家和他们的研究团队，对他们敢为天下先的勇气表示钦佩。

中国科协生命科学学会联合体主席团

2023年1月

目　录 | Contents

01 驱逐胆固醇，守护心血管健康

王菊琼　宋保亮

引　言

2020年6月3日，全球自然科学顶级期刊《自然》（*Nature*）发表了一项让人触目惊心的研究。1000多位科研人员做了迄今为止规模最大的全球胆固醇水平研究，分析了1980—2018年，200个国家1.026亿人口，共计1127项研究数据，得出结论：西方高收入国家人群的血液胆固醇水平大幅度下降，而东亚、南亚国家的血脂异常人群则明显增加。尤其在中国，这一现象更为明显。

历经40年，中国早已从全球胆固醇水平最低的国家一跃成为胆固醇水平最高的国家。据统计，每年全球高胆固醇血症所引起的死亡人数高达390万人[1]。那么，什么是胆固醇？胆固醇过高究竟有什么危害以及我们又该如何去治疗高胆固醇所引起的疾病呢？

研究背景

胆固醇（cholesterol）是一类白色或淡黄色，不溶于水的脂质小分子物质，是哺乳动物体内最主要的甾体类物质。关于胆固醇的研究始于 1758 年，胆固醇最早是由医生弗朗索瓦·普勒蒂埃·德拉萨尔（François Poulletier de la Salle）从胆结石中分离出来的[2]。随后，1816 年，法国科学家米歇尔·谢弗勒尔（Michel Chevreul）将胆固醇命名为“Cholesterine”[2]。1934 年，多萝西·克劳福特·霍奇金（Dorothy Crowfoot Hodgkin）测定了胆固醇的化学和空间结构，为胆固醇的研究奠定了基础[3]。得克萨斯州立大学迈克尔·布朗（Michael Brown）和约瑟夫·戈尔茨坦（Joseph Goldstein）揭示了胆固醇代谢的调节机制并于 1985 年获得诺贝尔生理学或医学奖[2, 4]。

胆固醇是生命活动的重要“物资”，主要依靠机体自身合成（内源性）和从饮食中吸收（外源性）。胆固醇作为疏水性的小分子，通常以脂蛋白（lipoprotein）的形式被运输到各个组织发挥功能。那么，胆固醇在脂蛋白中以何种形式存在？脂蛋白，顾名思义，由脂质和蛋白质两部分构成。胆固醇酯和甘油三酯组成了疏水的内核，其外由载脂蛋白、磷脂以及游离胆固醇包围，形成球状脂蛋白颗粒[5]。根据脂蛋白颗粒大小及密度的不同，可通过密度梯度离心的方式将脂蛋白分为 5 类：第一类为乳糜微粒（chylomicron，CM），密度最轻（0.95 g/mL），甘油三酯含量居所有脂蛋白颗粒之首，占 80% ~ 95%，蛋白质含量仅有 0.5% ~ 2.0%，主要负责运输外源性甘油三酯和胆固醇；第二类为极低密度脂蛋白（very-low density of lipoprotein，VLDL），甘油三酯占 50% ~ 70%，胆固醇含量为 8% ~ 12%，主要负责运输内源的甘油三酯和胆固醇；第三类为中间密度脂蛋白（intermediate density of lipoprotein，IDL），甘油三酯含量低于极低密度脂蛋白（约为 24%），而胆固醇含量略高（约为 38%）；第四类为低密度脂蛋白（low density of lipoprotein，LDL），是携带胆固醇和胆固醇酯最丰富的脂蛋白（占 45% ～ 50%），在转运内源性胆固醇的过程中发挥重要作用；第五类是高密度脂蛋白（high density of lipoprotein，HDL），是密度及蛋白质含量最高的脂蛋白，其主要作用是将胆固醇逆向转运回肝脏，降低血液中胆固醇的含量，也就是大家广义上认为的“好”胆固醇。而低密度脂蛋白会导致血液中的胆固醇水平升高，也就成了大家所认为的“坏”胆固醇[6]。

脂蛋白在血液中的运输及相互间转化，对于维持机体的正常生命活动至关重要。那么，脂蛋白又是如何被运送到机体的各个组织发挥功能的呢？食物经过消化、吸收后，饮食中的胆固醇被包裹进乳糜微粒中运送至肝脏。在肝脏中，乳糜微粒以及内源合成的甘油三酯、胆固醇被重新整合，形成极低密度脂蛋白。随后，极低密度脂蛋白被分泌至血液中，并进一步转化为低密度脂蛋白。低密度脂蛋白被运输至肝外组织，释放胆固醇。释放出的胆固醇被用于维持机体的正常运行，而多余的胆固醇则被整合至高密度脂蛋白中，被重新运回肝脏进行再利用。

低密度脂蛋白所携带的胆固醇进入机体的各个组织，从而维持机体的正常生命活动。比如，作为机体最小组成单位——细胞膜的主要组成成分，维持细胞膜的流动性[7]；是体内各种激素（如性激素）和胆汁酸等物质合成的前体[8，9]；影响突触的形成以及大脑的发育；作为信号分子调控细胞信号转导[10]；修饰 Hedgehog 及 Smoothened 信号通路，从而影响胚胎发育，等等[11]。

机体通过协调胆固醇的合成、吸收以及外排 3 个方面的作用，来维持正常的生命活动。一旦该平衡被打破，就会导致各种代谢性疾病的发生，如动脉粥样硬化、胆结石、尼曼匹克 C 型疾病等。动脉粥样硬化是致死率最高的心血管疾病（cardiovascular disease，CVD）之一，也是多数心血管疾病发病的主要因素。

心血管疾病作为全球的“头号死因”，是心脏疾病和血管疾病的统称。据《中国心血管健康与疾病报告 2021》显示，无论是在城市还是在农村，心血管疾病的致死率都居于首位，并且呈逐年递增的趋势。平均每 5 例因病死亡的病例中，就有 2 例死于心血管疾病；冠心病和中风又是心血管疾病中最主要的“健康杀手”。心脏血管一旦发生阻塞，就会导致心肌长时间缺血，引发心肌坏死，称为“心肌梗死”。研究数据显示，大约有 2/3 的患者由于突发冠心病，在送往医院之前就已经死亡。中风，也就是俗称的“脑梗”，是由于脑血管突然阻塞或者破裂，从而导致脑组织损伤的疾病，约 60% 的中风患者死亡或者残疾（如瘫痪）。据推算，我国现在心血管病患者数高达 3.3 亿。

那么，动脉粥样硬化是如何发生的呢？低密度脂蛋白胆固醇（LDL cholesterol，LDL-c）水平过高是引发心血管疾病的主要风险因素之一。如果血液中 LDL-c 的含量过高，那么多余的 LDL-c 就能渗透进入被损坏的内皮细胞。脂蛋白颗粒大量积累在动脉血管的内膜处，形成氧化性的低密度脂蛋白（oxidized LDL，ox-LDL），而氧化性的低密度脂蛋白会吸引大量的白细胞至血管动脉的内膜处。巨噬细胞紧接着发挥清除作用，内吞氧化性的低密度脂蛋白形成泡沫细胞（foam cell）。大量的泡沫细胞聚集死亡导致脂肪条纹（fatty streak）的出现。平滑肌细胞开始在脂纹出现的地方迅速增殖，产生胞外基质（主要是胶原和蛋白多糖），形成动脉粥样硬化斑块（atherosclerotic plaque，AP），并在斑块处不断积累大量由平滑肌细胞产生的胞外基质，最终转化为纤维化的斑块。纤维化的斑块不断累积在血管内，使血管逐渐变窄，最终引发如冠心病和中风等在内的心血管疾病[12]。因而，降低血液中 LDL-c 水平能有效地预防心血管疾病。

迄今为止，市面上应用最广泛的降脂药物主要是通过抑制胆固醇的合成、吸收或者改变胆固醇的分布，达到降脂目的，主要包括他汀类药物、前蛋白转化酶枯草溶菌素 / 转化酶 9（proprotein convertase subtilisin/kexin type 9，PCSK9）抑制剂以及胆固醇吸收抑制剂。

他汀类药物作为降胆固醇的“首选”药物，主要包括洛伐他汀（lovastatin）、辛伐他汀（simvastatin）、阿托伐他汀（atorvastatin）、瑞舒伐他汀（rosuvastatin）等。它们通过作用于胆固醇合成过程中的关键限速酶 3- 羟基 -3- 甲基戊二酰辅酶 A 还原酶（3-hydroxy-3-methyl glutaryl coenzyme A reductase，HMGCR），抑制胆固醇的内源合成。此外，它还可通过机体的负反馈调节机制，上调位于肝脏细胞膜上的低密度脂蛋白受体（LDL receptor，LDLR）的表达，增加对血液中低密度脂蛋白的吸收，以达到降脂的目的。但多例临床研究长期跟踪数据显示，他汀类药物的长期使用会引发肌痛、肝损伤、糖尿病等，且他汀使用量翻倍，其降脂作用也只额外增加 6%，但副作用却成倍增加。

无论是饮食摄取的胆固醇，还是肝脏合成并通过胆汁分泌的胆固醇，最终都会进入小肠，通过位于小肠绒毛上皮细胞中的类尼曼匹克 C1 蛋白 1（Niemann pick C1 like 1，NPC1L1）进行吸收。而依折麦布作为目前已知仅有的胆固醇吸收抑制剂，通过作用于 NPC1L1 蛋白，能有效减少胆固醇的吸收，从而降低血液中胆固醇水平以及肝脏中胆固醇的含量。但依折麦布的作用单一，仅抑制胆固醇的吸收，降脂作用有限（仅 20% 左右）。因此，临床上通常不单独用药，而是搭配他汀类药物一起使用，以满足单独使用他汀类药物无法将胆固醇水平控制在正常范围内人群的需求。临床研究数据显示，服用依折麦布会在一定程度上导致头痛、腹痛和腹泻等副作用。

低密度脂蛋白受体能与血液中的低密度脂蛋白结合并介导其内吞，从而降低血液中的 LDL-c 水平。PCSK9 通过与低密度脂蛋白受体结合并介导其降解，导致血液中堆积大量的 LDL-c，从而引发高胆固醇血症。因而，使用 PCSK9 抑制剂如依洛尤单抗（evolocumab）、阿利尤单抗（alirocumab）或降低 *PCSK9* 表达的小干扰核酸药物因利司然（inclisiran），可有效阻断 PCSK9 对低密度脂蛋白受体的降解，以降低血液中胆固醇水平。PCSK9 抑制剂也因此成为目前降脂领域中炙手可热的“明星”，但其价格昂贵。且已有的研究显示，它会诱发心肌炎，临床上的疗效、耐药性、安全性及其副作用还有待进一步评估。

胆固醇分子由 27 个碳原子组成，是环戊烷多氢菲的衍生物。这样特殊的分子结构决定了它在生物体内很难被直接代谢。直接将多余的胆固醇排出体外，将会是非常有效的降脂途径。

三磷酸腺苷 - 结合盒转运蛋白 5/8（adenosine triphosphate binding cassette subfamily G5/8，ABCG5/8）能够介导胆固醇外排至胆汁和小肠中，对于降低血液胆固醇水平具有十分重要的作用。转录因子肝脏 X 受体（liver X receptor，LXR）能有效调控 *ABCG5/8* 的表达，从而促进胆固醇的外排[13]。然而，LXR 也会促进脂肪酸的合成，导致脂肪肝和高甘油三酯血症，从而限制了 LXR 激动剂在临床上用于治疗高胆固醇血症[14]。因此，目前市面上通过直接促进胆固醇外排的方式而开发的降脂药，仍是一片空白。

去唾液酸糖蛋白受体（asialoglycoprotein receptor，ASGPR）最早由吉尔伯特·G. 阿什韦尔（Gilbert G. Ashwell）和阿纳托尔·莫雷尔（Anatol Morell）于 20 世纪 70 年代发现，因而也被称为阿什韦尔—莫雷尔受体（Ashwell-Morell receptor，AMR）。ASGPR 通常位于肝实质细胞的细胞膜上，属于单次跨膜蛋白。ASGPR 通过与 ASGP 暴露出的末端半乳糖或 N- 乙酰半乳糖胺结合，将其内吞至溶酶体中进行降解。随后，ASGPR 则循环至细胞表面，进行再利用。ASGPR 在细胞膜和细胞内的内体、粗面内质网和高尔基体上均有定位。其中，87% 定位于细胞膜上，13% 定位于细胞内。人源 ASGPR 前体为 40 kD 蛋白质，随后进入高尔基体被糖基化修饰，成为 46 kD 的成熟蛋白，紧接着被运送至细胞膜表面发挥功能。ASGPR 在人、小鼠和大鼠中的保守性较高。到现在为止，人们对 ASGPR 的了解依旧很少[15]。2016 年，一项基于人群的全基因组关联分析显示，与正常人相比，*ASGPR* 基因缺失的杂合携带者，具有更低的非高密度脂蛋白胆固醇水平（non-high density lipoprotein-cholesterol，non-HDL-c）、更低的甘油三酯水平和更低的冠心病发生风险，但是分子机制并不清楚[16]。

研究目标

本研究以开发新的促进胆固醇外排策略或寻找促进胆固醇外排的新靶标为出发点，以期解析 ASGPR 在促进胆固醇外排从而降低脂质水平中的详细机制及生理功能，探索抑制 ASGPR 活性的潜在应用价值。

研究内容

本研究内容主要从 3 个方面展开：①从生理功能上，抑制 ASGPR 活性能否促进胆固醇外排？② *ASGPR* 缺失又是通过何种机制促进胆固醇外排的？③抑制 ASGPR 活性在治疗代谢性疾病（如动脉粥样硬化）中的潜在应用价值有哪些？通过详细解析 ASGPR 在胆固醇外排中的作用，探索 ASGPR 的潜在应用价值，对于寻找促进胆固醇外排的新降脂靶标、开发胆固醇外排降脂策略，从而降低包括心血管疾病在内的代谢性疾病发病率，具有十分重要的意义。该研究成果于 2022 年 8 月发表于《自然》（*Nature*）杂志上[17]。

研究成果

1. 抑制 ASGPR 活性，有助于促进胆固醇外排，从而降低脂质水平

为了研究 ASGPR 对脂质代谢是否存在调控作用，本团队通过规律间隔成簇短回文重复序列相关蛋白 9（clustered regularly interspaced short palindromic repeats associated protein 9，CRISPR/Cas9）基因编辑技术构建了 *ASGPR* 基因全身敲除的小鼠，并检测了脂质代谢相关的各项生理指标。结果显示，*ASGPR* 基因敲除小鼠的胆囊体积明显增大，胆汁体积增加（图 1-1A），胆汁中的总胆固醇和总胆汁酸含量明显上升（图 1-1B 和 C）；血液和肝脏中的胆固醇含量明显下降（图 1-1D 和 E），肝脏的切片染色也显示肝脏中脂质堆积情况得到了明显的缓解（图 1-1F）。以上结果说明，敲除小鼠 *ASGPR* 基因促进了胆固醇外排，从而降低了血液和肝脏中的脂质水平。

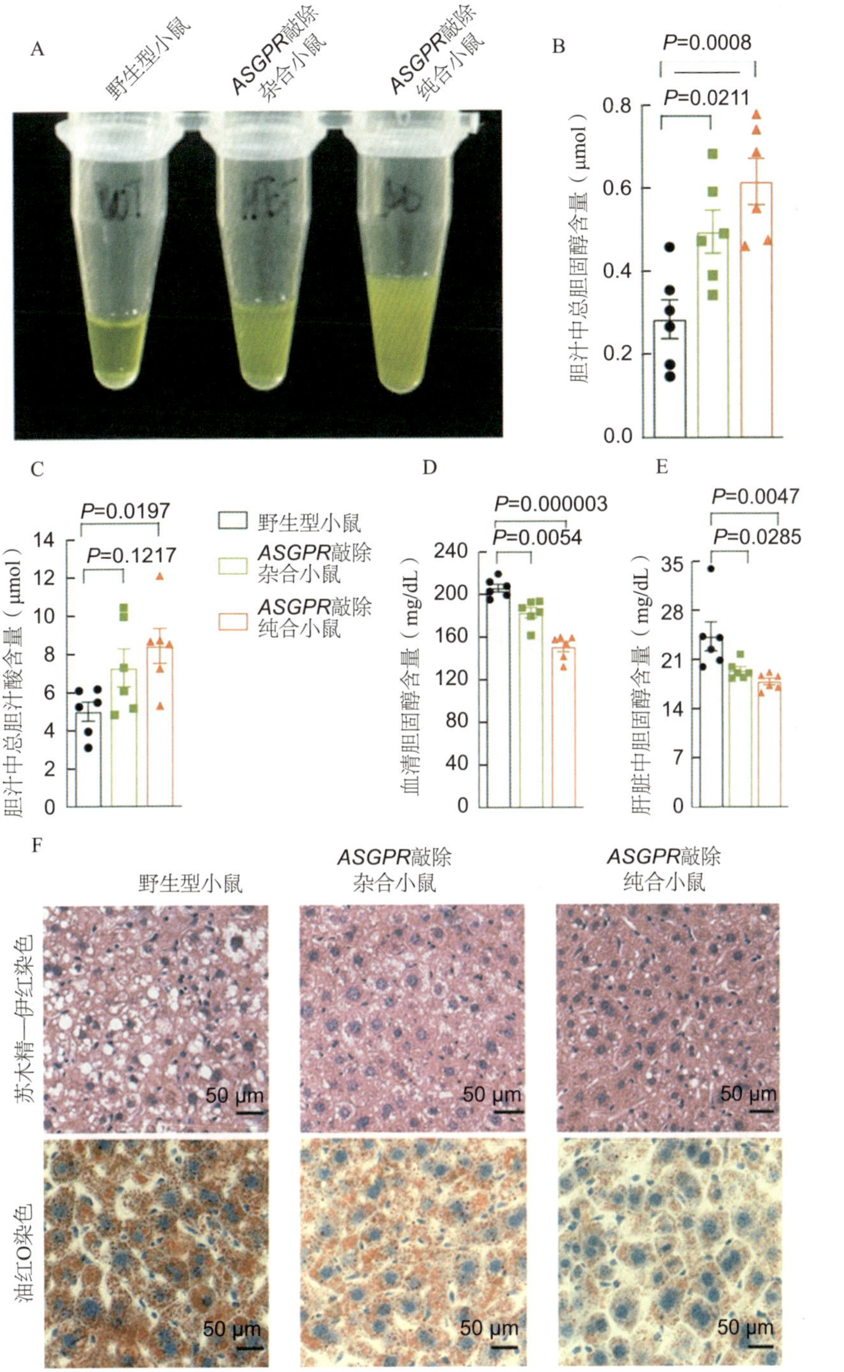

图 1-1 *ASGPR* 基因全身敲除小鼠的脂质代谢相关的各项生理指标变化情况

注：A. 胆囊体积变化示意；B. 胆汁中总胆固醇的变化情况；C. 胆汁中总胆汁酸的变化情况；D. 血清中总胆固醇的变化情况；E. 肝脏中总胆固醇的变化情况；F. 肝脏切片苏木精—伊红染色和油红 O 染色；P<0.01 表示性差异显著，P<0.001 表示差异极显著，下同。

为进一步了解 ASGPR 功能缺失是如何通过胆固醇外排降低脂质水平的，本团队在人的肝癌细胞（human hepatocellular carcinoma cell 7，*Huh7*）中，采用小分子干扰核糖核酸（small interference ribonucleic acid，siRNA）降低 *ASGPR* 基因的表达，提取 RNA 并进行转录组测序，通过生物信息学即基因富集分析（gene set enrichment analysis，GSEA）的方法，发现 *LXR* 受体通路明显被富集（图 1–2A），并且通过实时荧光定量聚合酶链反应（quantitative real-time polymerse chain reaction，qRT-PCR）也证实与对照组相比，ABCG5/8 等胆固醇外排相关基因的表达量明显增加（图 1–2B）。进一步研究结果表明，无论是 siRNA 介导的 *ASGPR* 基因敲低，还是利用 CRISPR/Cas 9 基因编辑技术介导的 *ASGPR* 基因敲除，都显著增加了 LXR 的蛋白质含量（图 1–3A 和 B）。与之相反，在 *ASGPR* 稳定表达的细胞株中，LXR 的蛋白质含量下降，

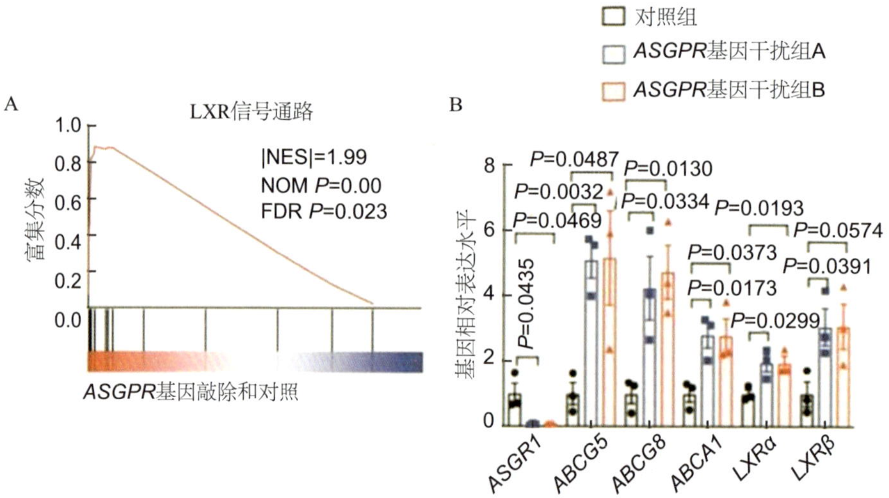

图 1–2　*ASGPR* 基因敲低时，LXR 信号通路富集情况（A）和 ASGPR 干扰对 LXR 下游与胆固醇外排相关基因的影响（B）

注：ABCA1 是腺苷三磷酸结合盒超家族 A 成员 1（adenosine triphosphate binding cassette subfamily A member 1）、NES 是校正后富集分数（normalized enrichment score）、NOM 是名义上的（nominal）、FDR 是错误发现率（false discovery rate）的英文简写。

LXR 的下游与胆固醇外排相关的基因明显下调（图 1-4A 和 B）。以上结果表明，抑制 *ASGPR* 的表达可以通过调控 LXR 的蛋白质稳定性促进胆固醇外排，降低脂质水平。同时，本研究在 *ASGPR* 基因全身敲除的小鼠中，也证实了这一点。

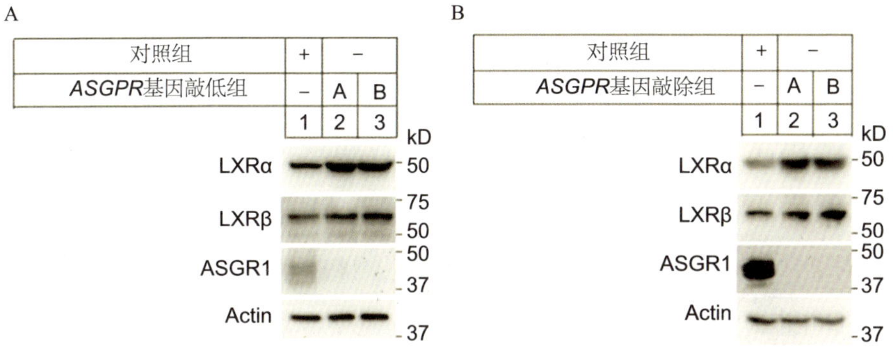

图 1-3 *ASGPR* 基因敲低（A）和敲除（B）对 LXR 蛋白质含量的影响

注：Actin 为内参蛋白，下同。

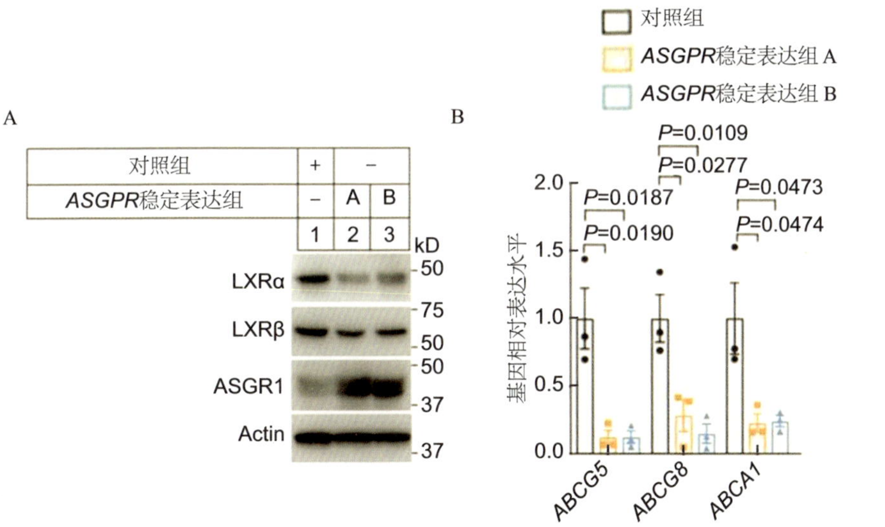

图 1-4 *ASGPR* 稳定表达对 LXR 蛋白质含量的影响（A）和 LXR 下游与胆固醇外排相关基因的影响（B）

2. 解析 *ASGPR* 调控脂质代谢的详细通路

前期实验发现，ASGPR 蛋白缺失能增加 LXR 的蛋白质稳定性，稳定表达 ASGPR 蛋白则能降解 LXR 蛋白，从而降低 LXR 蛋白含量。人体内绝大多数蛋白质的降解都依赖于泛素—蛋白酶体途径。E3 泛素连接酶能够特异性地识别靶蛋白，在泛素化途径中起决定性作用。乳腺癌和卵巢癌易感基因 1（breast and ovarian cancer susceptibility 1，*BRCA1*）是一个已知的抑癌基因，与脱氧核糖核酸（deoxyribonucleic acid，DNA）损伤修复有关，与 *BRCA1* 相关环状结构域 1（*BRCA1* associated ring domain 1，BARD1）组成稳定的异源二聚体调控细胞对 DNA 损伤的响应。也有研究报道，该二聚体在转录调控、细胞周期和抑制性染色体的减数分裂中发挥重要作用[18]。已有研究显示，*BRCA1*/BARD1 可作为泛素连接酶，介导 LXR 泛素化降解[19]。

本团队通过实验证实，ASGPR 通过调控 *BRCA1*/BARD1 组成的泛素连接酶复合体蛋白稳定性，调控 LXR 的泛素化水平（图 1–5A），继而对 LXR 蛋白稳定性进行调控。据研究显示，ASGPR 已知的主要功能是与血液中 ASGP（即配体）结合、内吞，并进入溶酶体，进行降解。那么，这一系列过程是否与 ASGPR 调控脂质代谢密切相关呢？本研究显示，无论是通过特异性突变 ASGPR 中与配体结合的 6 个主要位点（图 1–5B），或者是抑制 ASGPR 内吞的关键蛋白网格蛋白重链（clathrin heavy chain，CHC，图 1–5C），还是用巴甫洛酶素 A1（Bafilomycin A1）抑制溶酶体的功能（图 1–5D），ASGPR 对 LXR 的降解都被明显抑制。以上结果表明，配体与 ASGPR 结合后，通过内吞进入溶酶体降解，调控脂质代谢。

雷帕霉素靶蛋白复合物 1（mammalian target of rapamycin complex 1,

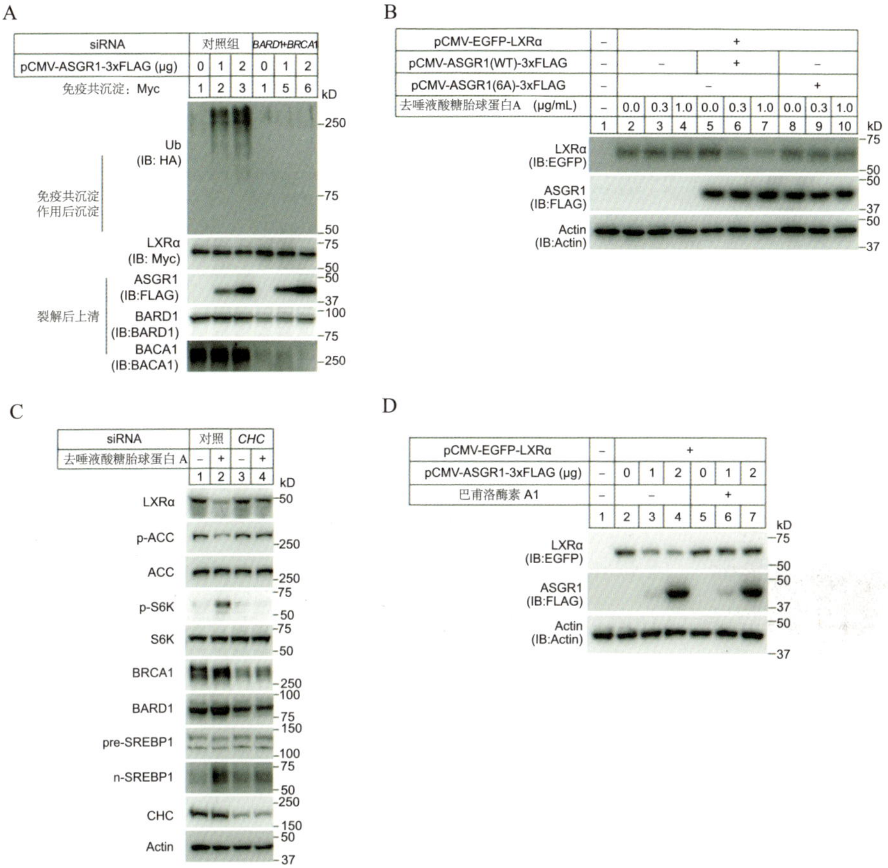

图 1-5 配体与 ASGPR 结合、内吞对胆固醇外排的影响

注：A. *BRCA1*/*BARD1* 基因缺失，ASGPR 对 LXR 泛素化的影响，CMV 是巨细胞病毒（cytomegalovirus）、IB 是免疫印迹（immunoblotting）、Ub 是泛素（ubiquitin）的英文简写，p 指磷酸化形式（phosphorylade），Myc、FLAG 和 HA 是标签蛋白；B. ASGPR 与配体（即去唾液酸胎球蛋白 A）结合位点突变（即 6A），ASGPR 对 LXR 蛋白的影响，+ 和 – 分别表示在实验中加入或不加入此项进行处理，数字对应免疫印迹的条带编号，EGFP 是增强型绿色荧光蛋白（enhanced green fluorescent protein）的英文简写；C. 配体（即去唾液酸胎球蛋白 A）内吞减少后，ASGPR 对 LXR 蛋白的影响，pre 指前体形式（precursor），n 指核形式（nucleus），ACC 是乙酰辅酶 A 羧化酶（acetyl CoA carboxylase）、S6K 是 S6 激酶（S6 kinase）的英文简写；D. 溶酶体中蛋白质的降解被抑制后，ASGPR 对 LXR 蛋白的影响。

mTORC1）是细胞内的营养感知中枢。已有研究显示，溶酶体蛋白降解所释放的小分子氨基酸，会激活溶酶体膜表面的 mTORC1 信号通路。那么，ASGP 在溶酶体中的降解是否会激活 mTORC1 信号通路呢？为回答这一问题，本团队利用质谱仪检测有或无配体存在的条件下，野生型细胞和 *ASGPR* 基因敲除细胞中氨基酸含量的变化。

实验结果显示，在配体缺乏的条件下，野生型细胞中溶酶体所释放的氨基酸明显减少（图 1-6）。相应的蛋白质免疫印记实验也证实，配体（即去唾液酸胎球蛋白 A）的存在能显著激活 mTORC1 信号通路（图 1-7A）。结果表明，ASGPR 的配体与之结合后进入溶酶体中降解，并释放小分子营养物质——游离氨基酸，激活 mTORC1 信号通路。

单磷酸腺苷依赖的蛋白激酶（adenosine monophosphate activated protein kinase，AMPK）作为细胞内的另一营养感知"中枢"，在细胞代谢中具有十分重要的作用，与 mTORC1 如同太极的"阴"与"阳"，在细胞内相互协调。ASGPR 蛋白缺失能激活 AMPK，抑制 mTORC1 信号通路，减弱与脂肪酸合成的关键转录因子——固醇调控元件结合蛋白 1（sterol regulatory element binding protein 1，SREBP1）剪切进入细胞核起始转录，减少肝脏中脂肪酸的生成，降低非酒精性脂肪肝发生的风险（图 1-7B 和 C）。

3. 抑制 ASGPR 功能具有良好的降脂及缓解动脉粥样硬化斑块发生的作用

腺相关病毒（adeno-associatedvirus，AAV）及其中和抗体是目前临床上应用较为广泛的两种治疗手段。鉴于 ASGPR 在脂质代谢中的重要调控功能，本研究利用两种不同的动物模型探究其作为降脂靶标的可行性。首先，本实验通过多轮筛选，得到了一株 ASGPR 特异

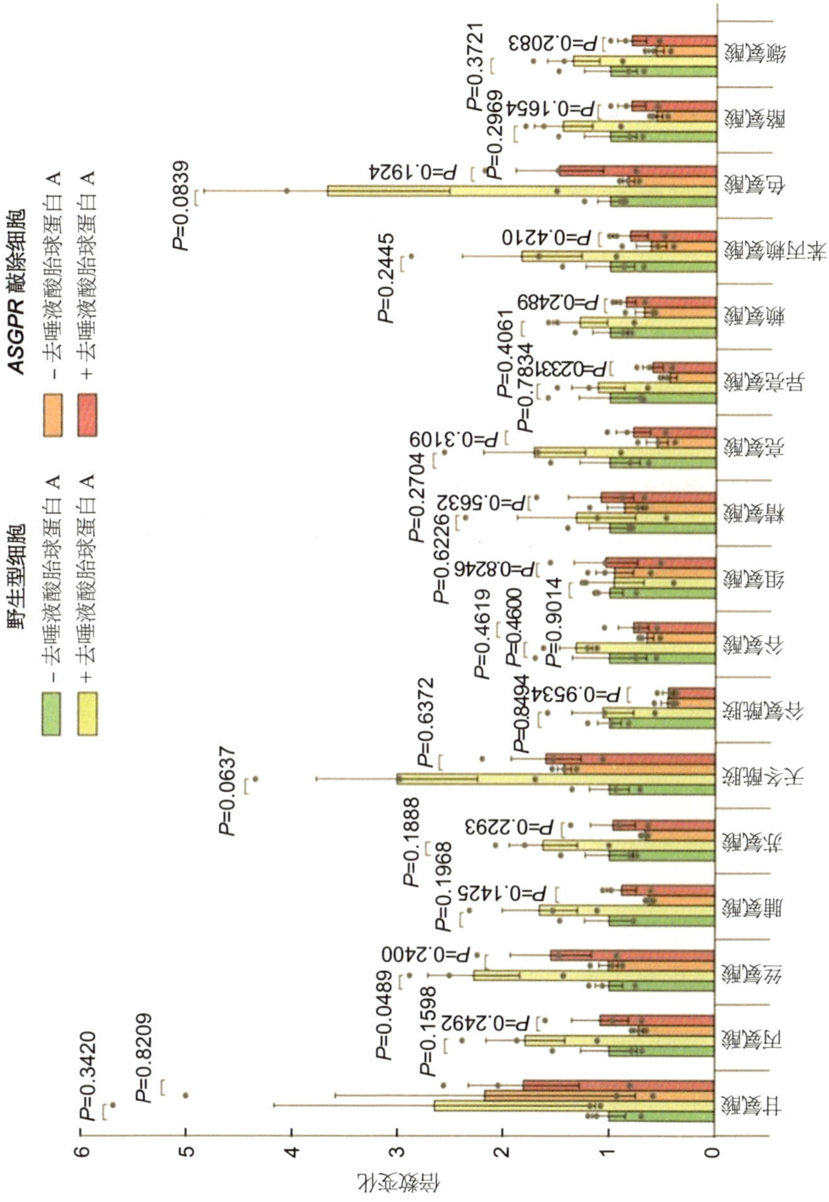

图 1–6 野生型与 *ASGPR* 敲除细胞中经 −/+ 配体（去唾液酸胎球蛋白 A）处理后，溶酶体释放的游离氨基酸含量变化

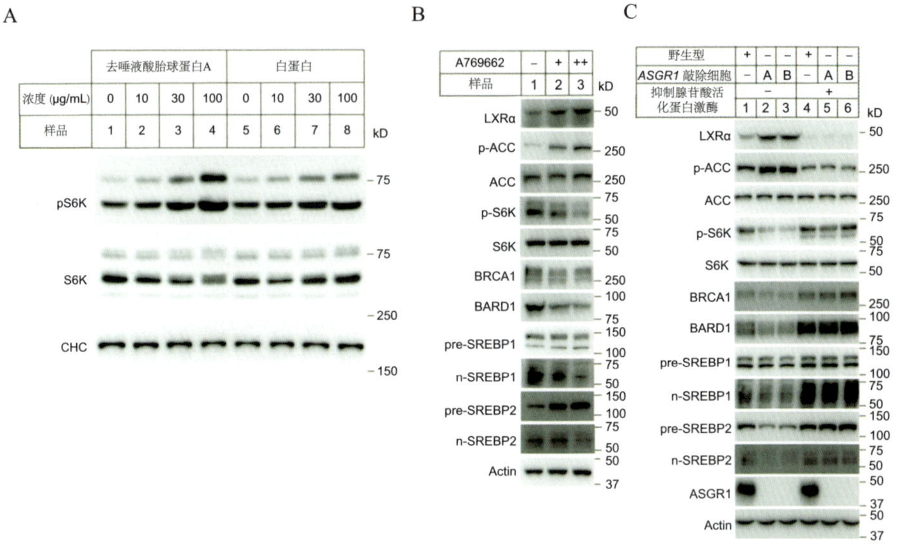

图 1–7　配体与 ASGPR 结合后引起细胞内营养感知信号改变，对胆固醇外排的影响

注：A. 去唾液酸胎球蛋白 A 处理对 mTORC1 信号通路的影响；B. AMPK 信号通路激活剂（A769662）处理对胆固醇外排、脂质生成的影响；C. AMPK 信号通路抑制剂处理 ASGPR 对 LXR 以及 SREBP1 的影响，ASGR1 是去唾液酸糖蛋白受体 1（asialoglycoprotein receptor 1）的英文简写。

性中和抗体 4B9。将 4B9 注射到高脂 / 高胆固醇 / 胆酸盐饲喂的野生型和 *ASGPR* 敲除小鼠中，在野生型小鼠体内，胆汁的体积增加，胆汁及粪便中的总胆固醇增多，而血液及肝脏中的胆固醇明显下降；而在 *ASGPR* 基因敲除小鼠中，以上指标没有显著性变化。这说明 4B9 具有非常好的降脂效果，且特异性高（图 1–8）。

动脉粥样硬化是引发心脑血管疾病的主要因素。本研究利用动脉粥样硬化模型小鼠（低密度脂蛋白受体基因全身敲除），用 AAV 特异性靶向其肝脏，降低肝脏中 *ASGPR* 基因的表达，从而观测小鼠血脂及动脉粥样硬化斑块的产生。实验结果显示，与对照组小鼠相比，*ASGPR* 敲低组（即 ASGPR 蛋白表达减少组）外排到胆汁中的总胆固醇增加，血液中的胆固醇及甘油三酯更低，主动脉血管壁上动脉粥

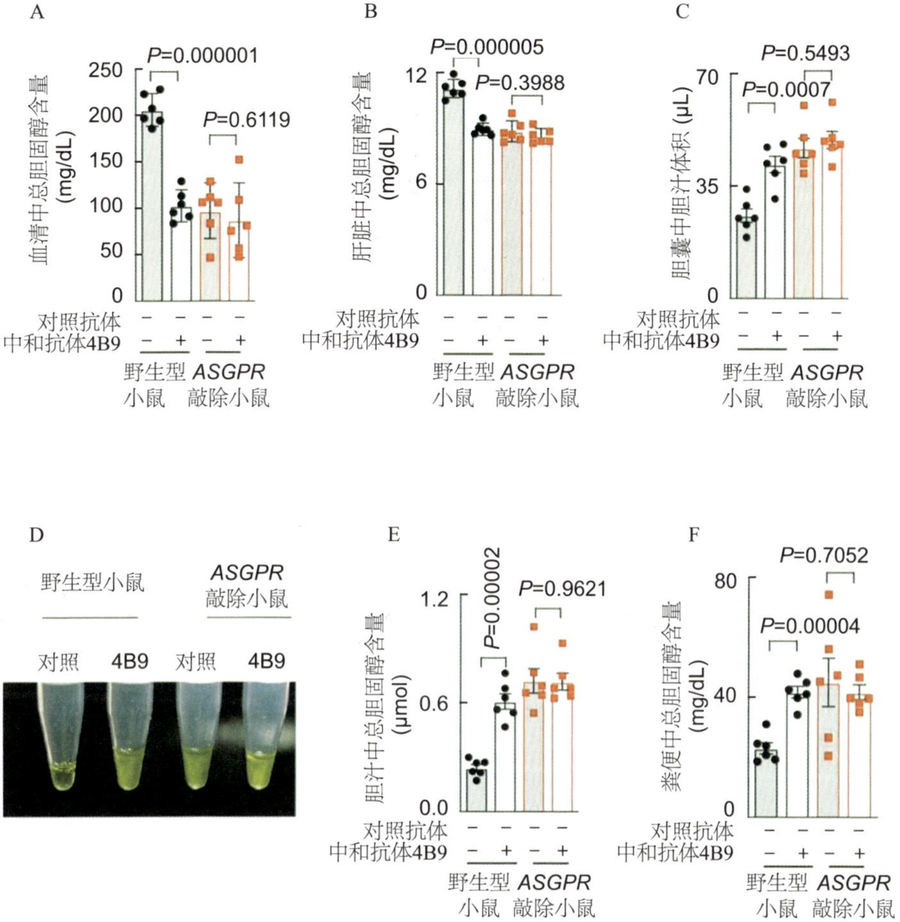

图 1-8 ASGPR 的中和抗体 4B9 对野生型和 *ASGPR* 基因敲除小鼠脂质水平的影响

注：A. 血清中总胆固醇含量的变化情况；B. 肝脏中总胆固醇含量的变化情况；C. 胆囊中胆汁体积的变化情况；D. 胆囊变化代表性图；E. 胆汁中总胆固醇含量的变化情况；F. 粪便中总胆固醇含量的变化情况。

样硬化的斑块堆积面积明显减少（图 1-9）。

结果表明，无论是利用中和抗体抑制 ASGPR 的功能，还是利用 AAV 特异性降低肝脏中 *ASGPR* 的表达，在降低血脂及预防动脉粥样硬化斑块引起的心血管疾病上，都具有非常好的应用前景。

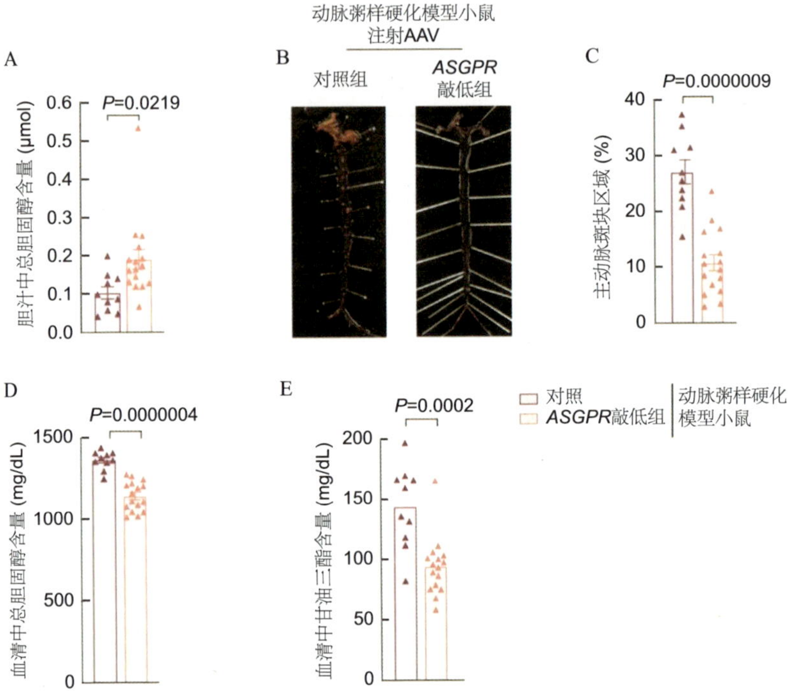

图 1–9 *ASGPR* 敲低对动脉粥样硬化模型小鼠血脂和动脉粥样硬化斑块的影响

注：A. 胆汁中总胆固醇含量的变化情况；B. 小鼠主动脉斑块染色情况；C. 主动脉斑块区域定量的变化情况；D. 血清中总胆固醇含量的变化情况；E. 血清中甘油三酯含量的变化情况。

4. ASGPR 中和抗体 4B9 与他汀、依折麦布联合用药，可协同降脂

阿托伐他汀与依折麦布是目前临床上应用最为广泛的两种降脂药物。但据已有的研究显示，对于已经使用最大他汀剂量的患者，即使他汀使用量翻倍，其降脂效果也只额外增加 6%，但副作用却成倍增加。而依折麦布由于其作用的单一性及局限性，临床上也通常只与他汀进行联合用药，不建议单独使用。

抑制 ASGPR 的活性可以促进胆固醇的外排，从而降低血脂水平，与他汀类药物、依折麦布的作用机理完全不同。因此，本研究还检测了本团队开发的 ASGPR 中和抗体 4B9 与这两种药物联合使用的效

果，以验证两者是否具有协同降脂的效果。实验结果证明，单独使用ASGPR中和抗体4B9、阿托伐他汀或者依折麦布时，与对照组相比，都表现出较好的降低血液中胆固醇和甘油三酯的效果；当两者联合使用时，则显示出协同降脂的效果，降脂效果更为显著（图1-10），这

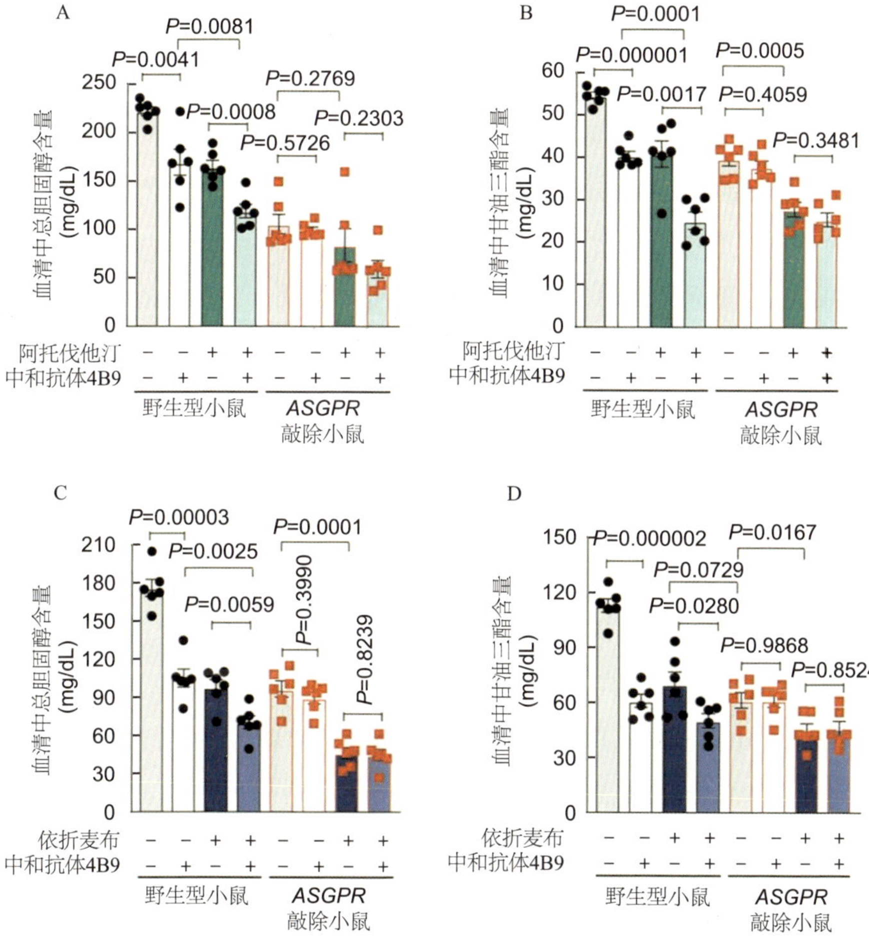

图1-10 AGSPR中和抗体4B9与他汀、依折麦布联用协同的降脂效果

注：A. 4B9与阿托伐他汀联用时，血清中总胆固醇含量的变化情况；B. 4B9与阿托伐他汀联用时，血清中甘油三酯含量的变化情况；C. 4B9与依折麦布联用时，血清中总胆固醇含量的变化情况；D. 4B9与依折麦布联用时，血清中甘油三酯含量的变化情况。

为他汀耐药患者或其他高血脂人群提供了更多的选择。

总结

该研究成果揭示了靶向 ASGPR 促进胆固醇外排从而降脂的详细机制，发现了 ASGPR 通过调节细胞内的两大营养感知“中枢”mTORC1 和 AMPK，从而增加了转录因子 LXR 的蛋白稳定性，促进胆固醇的外排，抑制 SREBP1 的活性，减少了脂质的生成，最终实现了对脂质代谢的调控。此外，本研究还利用动物疾病模型，探索了 ASGPR 作为降脂靶标的潜在应用价值，为开发通过促进胆固醇直接外排的降脂药提供了新的靶标和策略，具有较大的应用前景及社会经济效益。

发展前景与展望

据《中国中青年心脑血管健康白皮书》报告显示，我国心血管发病的年轻化趋势明显。其中，20 ～ 29 岁的心血管病高风险人群占比已高达 15.3%。《中国心血管健康与疾病报告 2021》中，大型流行病学调查研究显示，中国 ≥ 18 岁人群血脂异常［包括总胆固醇（total cholesterol，TC）≥ 6.22 mmol/L、LDL-c ≥ 4.14 mmol/L、HDL-c<1.04 mmol/L、TG ≥ 2.26 mmol/L］的总体患病率由 2002 年的 18.6% 上升为 2012 年的 40.4%。此外，2012—2013 年的一项研究还调查了全国 7 个省（区、市）93 所中小学 16434 名 6 ～ 17 岁学生，血脂异常的总体检出率为 28.5%。如何有效地降低血脂已迫在眉睫、刻不容缓！而常见的降脂药如他汀、依折麦布或 PCSK9 抑制剂，虽然都具有一定的降脂能力，但也存在一定的副作用及局限性。

因而，开发新的降脂策略或寻找新的降脂靶标具有十分重要的意义。ASGPR 具有与现有降脂药完全不同的作用机理，无论是单独使用还是联合用药，都表现出较好的降脂效果，为开发通过促进胆固醇直接外排的降脂药提供了新的靶标和策略，为他汀不耐受或其他已联合用药但仍未达到理想降脂效果的患者提供了更多的选择，具有良好的应用前景及社会经济效益。

参考文献

[1] Collaboration N C D，Risk F. Repositioning of the global epicentre of non-optimal cholesterol [J]. Nature，2020, 582 (7810)：73-77.

[2] Olson R E. Discovery of the lipoproteins，their role in fat transport and their significance as risk factors [J]. Journal of Nutrition，1998，128 (2 Suppl)：439S-443S.

[3] Howard J A. Dorothy Hodgkin and her contributions to biochemistry [J]. Nature Reviews Molecular Cell Biology，2003，4 (11)：891-896.

[4] Steinberg D. Thematic review series：the pathogenesis of atherosclerosis. An interpretive history of the cholesterol controversy，part Ⅴ：the discovery of the statins and the end of the controversy [J]. Journal of Lipid Research，2006，47 (7)：1339-1351.

[5] Crook M，Swaminathan R. Lipoprotein composition and serum Lp (a) lipoprotein in hypobeta lipoproteinaemia [J]. Journal of Clinical Pathology，1995, 48 (6)：587-589.

[6] Lewis B. Classification of lipoproteins and lipoprotein disorders [J]. Journal of Clinical Pathology，1973 (5)：26-31.

[7] Ikonen E. Roles of lipid rafts in membrane transport [J]. Current Opinion in Cell Biology，2001，13 (4)：470-477.

[8] Russell D W. The enzymes，regulation，and genetics of bile acid synthesis [J]. Annual Review of Biochemistry，2003 (72)：137-174.

[9] Payne A H, Hales D B. Overview of steroidogenic enzymes in the pathway from cholesterol to active steroid hormones [J]. Endocrine Reviews, 2004, 25 (6): 947–970.

[10] Simons K, Toomre D. Lipid rafts and signal transduction [J]. Nature Reviews Molecular Cell Biology, 2000, 1 (1): 31–39.

[11] Xiao X, Tang J J, Peng C, et al. Cholesterol modification of smoothened is required for hedgehog signaling [J]. Molecular Cell, 2017, 66 (1): 154–162 e110.

[12] Malakar A K, Choudhury D, Halder B, et al. A review on coronary artery disease, its risk factors, and therapeutics [J]. Journal of Cellular Physiology, 2019, 234 (10): 16812–16823.

[13] Wang J, Mitsche M A, Lutjohann D, et al. Relative roles of ABCG5/ABCG8 in liver and intestine [J]. Journal of Lipid Research, 2015, 56 (2): 319–330.

[14] Xu H F, Luo J, Zhang X Y, et al. Activation of liver X receptor promotes fatty acid synthesis in goat mammary epithelial cells via modulation of *SREBP1* expression [J]. Journal of Dairy Science, 2019, 102 (4): 3544–3555.

[15] Grewal P K. The Ashwell-Morell receptor [J]. Methods In Enzymology, 2010 (479): 223–241.

[16] Nioi P, Sigurdsson A, Thorleifsson G, et al. Variant ASGR1 associated with a reduced risk of coronary artery disease [J]. New England Journal of Medicine, 2016, 374 (22): 2131–2141.

[17] Wang J Q, Li L L, Hu A, et al. Inhibition of ASGR1 decreases lipid levels by promoting cholesterol excretion [J]. Nature, 2022, 608 (7922): 413–420.

[18] Boulton S J. Cellular functions of the BRCA tumour-suppressor proteins [J]. Biochemical Society Transactions, 2006, 34 (Pt 5): 633–645.

[19] Kim K H, Yoon J M, Choi A H, et al. Liver X receptor ligands suppress ubiquitination and degradation of LXRalpha by displacing BARD1/BRCA1 [J]. Molecular Endocrinology, 2009, 23 (4): 466–474.

02 哺乳动物染色体工程新技术与染色体人工演化

王立宾　赵玉龙　邹　瑜　李　伟

引　言

在《猩球崛起》(*Rise of the Planet of the Apes*)这部电影中，男主角威尔·罗德曼(Will Rodman)为使患有阿尔茨海默病的父亲回归正常生活，一直研发相应的基因治疗药物，并在大猩猩身上进行试验。最终，他在一只名为凯撒的大猩猩身上取得了成功，凯撒因此获得了跟人类一样的高度智力。那么在现实生活中，猩猩和人的差异是否可以通过对单个基因的简单处理而擦除呢？从基因组组成来看，黑猩猩与人类确实十分相近，有着约99%的基因组相似度。貌似我们人类和黑猩猩之间的距离，通过简单的处理，就可以完全跨越；但是从染色体水平来审视黑猩猩和人类的差异时，我们发现人类与黑猩猩是如此的不同：黑猩猩有48条染色体，而我们人类有46条染色体。人类和黑猩猩具有相同的祖先，但是在数百万年前一次偶然的机会，人类的两条染色体发生了融合，形成了新的染色体。这条染色体就是人类的 2 号染色体，在黑猩猩等人类的近亲中，这两条染色体仍然是分离的。是否因为这次偶然的机会成就了我们人类与大猩猩之间的不同？这次染色体的融合又是如何创造进化史上的奇迹呢？然而，并非所有的染色体融合都会产生进化奇迹，绝大多数的染色体融合对人类是有害的。染色体的融合会导致不孕不育、血液系统的肿瘤和染色体三体综合征等严重的后果。为了研究染色体的融合如何影响物种进化和疾病的发生，本团队制作了染色体融合的动物模型，对它进行分析，以期解析进化奥秘、疾病产生机制和破解之法。

研究背景

DNA 是生物的主要遗传物质，在真核生物中，DNA 主要以染色体的形式存在。哺乳动物染色体主要为线性结构，每条染色体基本由 3 部分组成：着丝粒、染色体臂和端粒。着丝粒是由高度重复序列和核蛋白组成的异染色质，是姐妹染色单体的连接部位；由着丝粒将染色体分为长短不同的两部分，即为染色体臂，长臂为“q 臂”，短臂为“p 臂”；端粒位于线性染色体两端，由短重复序列和核蛋白构成，主要在染色体复制分裂过程中起到保护作用。根据着丝粒位置的不同，可将染色体分为中着丝粒染色体、近中着丝粒染色体和端着丝粒染色体。

染色体具有种属异质性，不同物种的染色体形态和数目各不相同。例如，人有 46 条染色体，小鼠有 40 条染色体，而大鼠有 42 条染色体。染色体形态和数目称为物种的核型。生物在进化过程中，核型会发生变化，这种变化包括染色体数目和染色体结构的改变。核型的改变是导致生殖隔离的重要因素。目前的实验室小鼠都保持了标准的 20 对染色体核型。但科学家发现，欧洲一些多山地区野生小鼠的核型变化较大，从 11 对到 20 对不等。产生这种变化的主要原因是染色体在漫长的进化过程中发生了重新排列，某些重排方式得以保留，从而产生了拥有不同核型的小鼠[1, 2]。染色体重排是指断裂的染色体在重接的过程中发生异常连接，通常包括重复、缺失、倒位和易位 4 种类型。

在生物进化的过程中，染色体重排导致的核型变化很常见。在进化过程中，啮齿动物每百万年会产生 3.2 ～ 3.5 次染色体重排，灵长类动物每百万年会出现 1.6 次染色体重排[3, 4]。例如，人类祖先的 5 号和 17 号染色体相互易位，产生了大猩猩的 4 号和 19 号染色体[5]。染色体重排可能会导致非整倍体或者染色体易位的出现，从而导致疾病的发生，完整染色体的增加会导致严重的表型出现。例如，著名的 21 号染色体增加会导致唐氏综合征（Down syndrome，60% 的患儿在胎儿早期就流产，即使出生也会有明显的智力障碍、生长发育障碍和多发畸形等症状），18 号染色体增加会导致爱德华综合征（Edwards syndrome，胎儿胎动少，羊水多，小胎盘，出生后肌张力低下，骨骼肌肉及皮下脂肪发育不良，多伴有严重的先天性心脏病等症状），13 号染色体增加会导致帕塔综合征（Patau syndrome，患者几乎都存在脑结构问题、面部发育缺陷、肾脏缺损，同时还存在很多健康问题，如伴有呼吸困难、先天性心脏缺损、听力损失、智力缺陷、神经问题、肺炎、癫痫等症状）等三体综合征。

染色体片段的增加或者缺失也会导致患者出现严重的表型，如5号染色体短臂部分或全部缺失导致的猫叫综合征（Cri du chat syndrome，多伴有智力低下、两眼距离过宽、新生儿哭声似猫叫、先天心脏病、高腭弓、掌纹异常、指趾过长等症状）、X染色体断裂导致的脆性X染色体综合征（Fragile X syndrome，多伴有智力低下、语言障碍、容貌改变、行为障碍和睾丸增大等症状）。

完整染色体或者染色体片段的易位也会导致患者出现严重的表型，如22号染色体部分长臂连接到9号染色体长臂所导致的费城染色体（Philadelphia chromosome，这种核型主要出现在大部分慢性髓性白血病，部分急性淋巴细胞白血病及少数急性髓细胞白血病中）以及13号和14号染色体罗伯逊易位（Robertsonian translocation）导致的不孕不育等[6-9]。这些因为染色体重排导致的疾病症状比较严重，致死率高，且目前临床还没有有效的治疗手段。

因此，通过实验技术对物种的染色体进行改造，建立染色体重排的动物模型，一方面可以用于研究染色体变异如何影响物种进化，有利于在分子水平上阐明物种进化的机制；另一方面也可以研究染色体变异导致疾病发生的机制，有利于开发染色体异常疾病的诊断及治疗方式。

染色体重排是由染色体断裂之后异常连接导致的，因此要建立这样的动物模型，需要在实验室内利用基因编辑工具产生DNA双链断裂（double-strand breakage，DSB）。条件性基因敲除系统是较早被开发出来的基因编辑工具，条件性是指将基因修饰限制在动物的某个发育阶段或者某一类细胞中。最常见的条件性敲除系统是源于噬菌体P1的Cre-LoxP系统，将LoxP序列引入基因组的特定区域，利用

Cre 重组酶特异性识别 LoxP 序列的特性，将两个 LoxP 位点之间的序列删除或重组[10]。

目前，已有科学家通过在小鼠胚胎干细胞上引入 LoxP 序列，实现哺乳动物染色体重排的模拟，包括片段重复、倒位和缺失等，但重排的染色体片段较短，属于亚染色体级别[11-14]。随着基因编辑技术的不断发展，尤其是规律间隔成簇短回文重复序列（Clustered Regularly Interspaced Short Palindromic Repeats，CRISPR/Cas）技术的开发，极大地促进了染色体工程的发展。CRISPR/Cas 系统是一种天然的细菌防御系统，用于抵御噬菌体的侵染。其通过将外来短核苷酸序列整合到 CRISPR 位点，然后通过转录加工成 CRISPR RNA（crRNA）和反式激活 RNA（trans-activating RNA，tracrRNA），识别特异的 DNA 序列。其可以与核酸酶 Cas 相融合，实现对靶序列的切割。珍妮弗·道德纳（Jennifer Doudna）通过将 crRNA 和 tracrRNA 融合在一起，形成单指导 RNA（single guide，sgRNA）并且改变 sgRNA 上一小段序列，来靶向不同的 DNA 序列[15, 16]。利用 CRISPR/Cas 技术，科学家对遗传物种的改造已经到达了染色体量级，最近就在小鼠胚胎干细胞中实现了整条染色体的敲除；在酿酒酵母单倍体细胞中将 16 条染色体融合为一条，创造出单条染色体的真核细胞[17, 18]。

这一点启发我们利用单倍体细胞进行哺乳动物染色体重排的研究。由于哺乳动物主要通过有性生殖繁育后代，因此大多是二倍体，即含有两套染色体：一套来自母亲，另一套来自父亲。而单倍体细胞只含有一套染色体，其一般存在于一些孤雌生殖的物种中，如蜜蜂、蚂蚁等，在哺乳动物中只存在于卵细胞和精子中。为了在哺乳动物中研究单倍体，科学家在实验室中建立了哺乳动物单倍体胚胎干细胞

（haploid embryo stem cells，haESCs）。haESCs 中只含有一组染色体，又保留了胚胎干细胞所具有的多能性。haESCs 最早在青鳉中建立，而后小鼠、大鼠、非人灵长类和人的 haESCs 也相继建立起来[19-26]。根据遗传物质的来源，染色体来源于卵细胞的 haESCs 称为孤雌单倍体干细胞，而染色体来源于精子的 haESCs 称为孤雄单倍体干细胞。但研究发现，haESCs 中一些印记基因经常在培养过程中丢失。印记基因是一种表观遗传修饰方式，通过 DNA 甲基化修饰，使来自一方亲缘的等位基因表达，而来自另一方的等位基因不表达。因此，精子和卵子当中的印记模式是不同的，它们在胎儿生长和发育过程中起到重要的调控作用。近期，科学家发现将 haESCs 中的 3 个印记基因删除，可以建立起稳定的精子样印记模式，从而保证了其在传代培养过程中多能性的延续。这样印记稳定的 haESCs 可以作为类精子注射到卵母细胞中，产生可育后代[27-29]。

由于其拥有与酵母类似的单倍性和胚胎干细胞的多能性，本团队想利用 haESCs 来研究完整染色体的融合对哺乳动物表型和生殖能力的影响。为了将小鼠的两条非同源染色体连接起来，本研究利用 CRISPR/Cas 系统设计了相应的融合策略。

研究目标

本研究在实验室中通过基因编辑的手段建立染色体融合的动物模型，并对染色体融合的细胞表型和动物表型进行研究，以期以 haESCs 为底盘细胞，以基因编辑技术为操作工具，在实验室环境内实现哺乳动物人工染色体重排。

建立哺乳动物染色体融合模型，以期帮助我们从染色体层面理解生殖隔离是如何产生的，进而理解物种是如何进化的；同时帮助我们理解染色体重排所导致的疾病，如三体综合征和不孕不育等，建立相关疾病的动物模型，找到治疗相关疾病的关键方法，服务于人民的生命健康。

研究内容

本研究的主要内容可以划分为 3 点：哺乳动物染色体融合模型的建立，染色体融合所导致的表型变化研究，染色体融合对染色体空间结构和基因表达的影响。在这些研究中，关键点和创新点是如何实现如此大范围的染色体编辑。虽然随着 CRISPR/Cas 技术的发展，基因编辑技术已经非常成熟，但其所编辑的基因片段长度有限，主要以单基因的敲除为主。之前也有利用 Cre-LoxP 系统在小鼠细胞上产生染色体易位的研究，但长度只有 24 cM，前人的研究仅在酵母单倍体细胞中实现了将 16 条染色体融合成一条。在哺乳动物细胞中实现完整染色体的精准重排是十分困难的，首先要解决的是底盘细胞问题。对于普通的二倍体细胞，在构建过程中可能会因为出现的核型太过复杂，而降低了正确融合的比例，增加了筛选的难度。因此，本研究将只含有一套染色体（即 20 条染色体）的小鼠 haESCs 作为底盘细胞。同时，之前的研究发现敲除 3 个印记基因，可以在单倍体干细胞中建立类似精子的印记模式，即可以通过单细胞注射的方式让卵细胞受精，产生可育后代。这为获得染色体融合后代并研究其表型改变提供了便利，是本研究的突破性和前瞻性内容。

研究成果

1. 获得染色体连接的小鼠单倍体干细胞——细胞中的染色体长度限制

如前文所述，单倍体干细胞具有单倍体的核型，具有基因编辑的优势，很适合作为本研究的底盘细胞。因此，本研究首先在 haESCs 中选择了两个大小适中的染色体：4 号染色体（chromosome 4，Chr4）和 Chr5 进行了头尾连接；以及两个最大的染色体：Chr1 和 Chr2 进行正反连接（Chr1 和 Chr2 连接，Chr1+2；Chr2 和 Chr1 头尾连接，Chr2+1，图 2-1A）。

CRISPR/Cas9 系统可以靶向目标染色体端粒及着丝粒并造成 DNA 双链断裂。断裂后的细胞自身通过非同源末端连接修复，对损伤 DNA 进行修复。本研究首次证明了利用该机制能够在哺乳动物上实现完整的染色体连接。利用荧光原位杂交（fluorescence *in situ* hybridization，FISH）以及第三代全长 DNA 测序技术，本团队确认了 haESCs 中的 Chr4 与 Chr5，Chr2 与 Chr1 头尾相连的结果（图 2-1B）。但令人意外的是，在 Chr1 和 Chr2 头尾相连（Chr1+2）的实验中，连接的 Chr1 发生断裂，分成了两部分，一部分与 Chr2 融合，另一部分与 Chr17 的一条臂融合。除此之外，在两条最长染色体连接成功的 Chr2+1 单倍体干细胞有丝分裂过程中，出现了染色体相互重叠，导致分裂滞后形成多倍体的异常现象。

因为初次获得的染色体连接单倍体干细胞往往容易自发二倍化，不利于对连接后的染色体结构与功能以及染色体异常分裂现象进行研究，所以本团队通过连续分选的方法建立了两个 Chr4+5、一个 Chr1+2 和两个 Chr2+1 倍性稳定的单倍体干细胞系，用于后续研究。

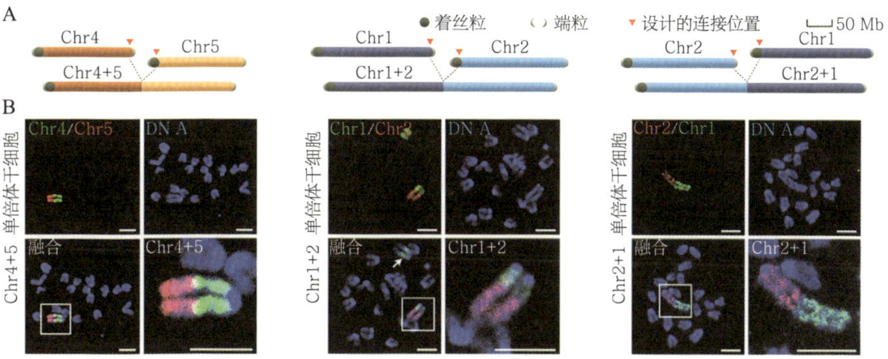

图 2-1 haESCs 中染色体连接（A）及 FISH（B）示意

注：FISH 采用了已知序列的特异性单链核酸作为探针，标记了生物素或荧光素，在一定的温度和离子浓度下通过碱基互补配对法则，使 DNA-DNA 原位杂交，采用荧光法显示，将 DNA 在细胞内原始位置上显现出来，图中所有标尺大小均为 5 μm。

哺乳动物的基因组全长大约有 2 m，而细胞核却仅仅只有 5～10 μm。为此，基因组需要高度浓缩折叠形成一个一个的染色体，而染色体自身与其他染色体之间也具有复杂的三维（3 dimesions，3D）结构。这些 3D 结构的形成一方面再次缩小了染色体的体积，另一方面通过拉近染色体的空间距离，增强了染色体内及染色体间不同基因的相互作用。这一相互接触的强度和频次可以通过高通量染色质构象捕获技术（high-throughput chromosome conformation capture，Hi-C）探知。利用该技术，本团队发现相连染色体之间的接触增强，且 Chr1+2 细胞系中分裂的 Chr1 和 Chr17 之间的接触增加。利用这一特征，本团队将 Chr1+2 的分裂位点定位在 Chr1 中约 114.3 Mb 处，其近端臂与 Chr17 发生了融合，从而表现出增强的染色体间接触。尽管动物细胞中染色体间接触的生物学功能仍然未知[30]，但这些数据表明染色体连接可以加强这一接触。

结合第三代 DNA 测序技术，本研究得知了 Chr4+5 的臂长为 308.3 Mb，Chr2+1 的臂长为 377.6 Mb，Chr1+2 的臂长为 263.3 Mb，Chr2+17 的臂长为

209.6 Mb（图 2-2）。Chr2+1 单倍体干细胞在这之中具有最长的染色体长度，同时也表现出染色体分裂滞后以及多倍化的高趋向性。那么，染色体的长度是否与其分裂异常有关呢？为了避免单倍体细胞自发二倍化对结果的干扰，本研究将染色体连接的单倍体干细胞分化为二倍体神经干细胞（neural stem cells，NSCs），并发现在 Chr4+5、Chr1+2 和 Chr2+1 的 NSCs 中分别表现出 12.2%、0.0% 和 73.9% 的染色体分裂滞后比例。为了进一步验证染色体长度对细胞分裂的影响，本研究通过程序化的染色体转位与易位，恢复了全长 Chr1+2 染色体（377.6 Mb），同时将 Chr2+1 缩短到原本 Chr1+2 的大小（263.3 Mb）。

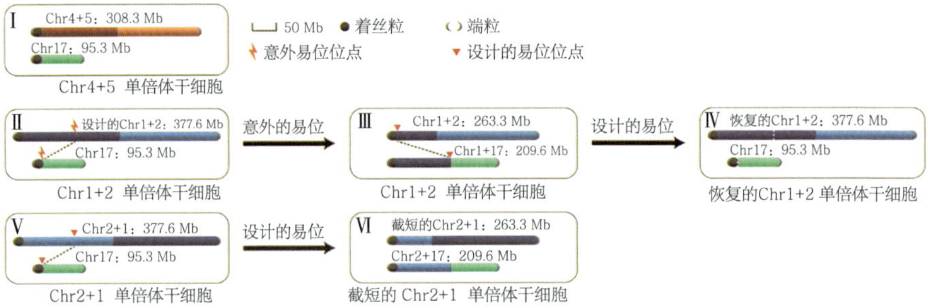

图 2-2 通过染色体易位构建全长的 Chr1+2 以及获得截短的 Chr2+1 示意

注：Chr4+5 的长度为 308.3 Mb，Chr17 的长度为 95.3 Mb；设计的 Chr1+2 染色体长度为 377.6 Mb，但其发生意外易位，与 Chr17 连接后，Chr1+2 的长度为 263.3 Mb，Chr1+17 的长度为 209.6 Mb；Chr2+1 的长度为 377.6 Mb，在 Chr2 上设计了相同位置的易位，产生了 263.3 Mb 的 Chr2+1 和 209.6 Mb 的 Chr2+17。

Chr1+2 恢复全长后，染色体分裂滞后比例由 0.0% 上升为 11.9%，而截短的 Chr2+1 则再未发现多倍体化。这些结果表明，连接的染色体 Chr2+1 或恢复的 Chr1+2（大小均为 377.6 Mb）与二倍体小鼠细胞在空间上不相容，导致核分裂停滞和细胞多倍化，将染色体臂大小缩短 114.3 Mb 可以消除这种影响。对小鼠细胞而言，染色体长度上限范围为 308.3 ～ 377.6 Mb。

2.*Capn11* 失调导致小鼠行为异常

在物种漫长的演化过程中，染色体的重排与融合是十分常见的。例如，有研究认为人类的 Chr2 就是人类的祖先中两条端着丝粒染色体通过罗伯逊易位融合形成的。本研究制备了带有“崭新的”融合染色体的单倍体干细胞和 NSCS，但这一融合染色体会对生物个体带来怎样的影响，还不得而知。此时，单倍体干细胞的优势再次显现，其可以作为精子的替代，通过卵母细胞显微注射的方式，一步快速获得携带融合染色体的小鼠胚胎。为了建立适当的印记模式，本研究首先敲除了 haESCs 中的 3 个印记区域：*H19*、*IG* 和 *Rasgrf1*，通过卵母细胞注射 haESCs 的方式，产生了 919 个杂合胚胎（113 个 Chr4+5 胚胎，355 个 Chr1+2 胚胎，365 个 Chr2+1 胚胎以及 86 个截短后的 Chr2+1 胚胎），它们被转移到代孕子宫中进行后续妊娠（图 2-3）。

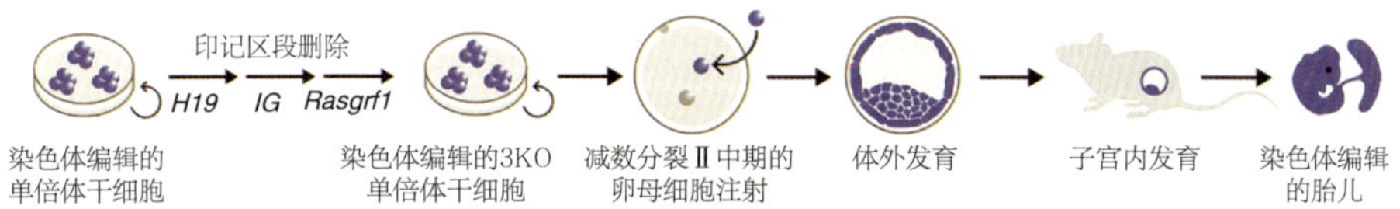

图 2-3 获得携带连接染色体的小鼠幼崽流程示意

注：在单倍体干细胞中进行染色体编辑后，将 *H19*、*IG* 和 *Rasgrf1* 3 个印记基因敲除，建立 3KO 的染色体编辑单倍体干细胞系，通过单倍体干细胞注射后，体外发育一段时间，移植到假孕小鼠子宫中继续发育，最终获得携带连接染色体的小鼠幼崽。

除了 Chr2+1 的胚胎发育异常并且在第 12.5 天之前死亡，Chr4+5 和 Chr1+2 幼崽的体重和胎盘重量都表现正常，而截短后的 Chr2+1 胚胎也成功诞生出了两只活体幼崽（图 2-4）。Chr4+5 小鼠具有正常的生长曲线，但 Chr1+2 小鼠在断奶时表现出过度生长，不过这些幼崽都活到了成年。为了观察这些小鼠是否具有异常的行为，本研究进行了旷场实验（open-field test）。这是一种测量动物焦虑行为、探索行为以及运动行为的经典动物行为学实验。在这一实验中，Chr4+5 小鼠表现正常，但 Chr1+2 小鼠则倾向于避免进入中心区，表现出高度焦虑[31]。同时，Chr1+2 小鼠的移动也明显变少和变慢。

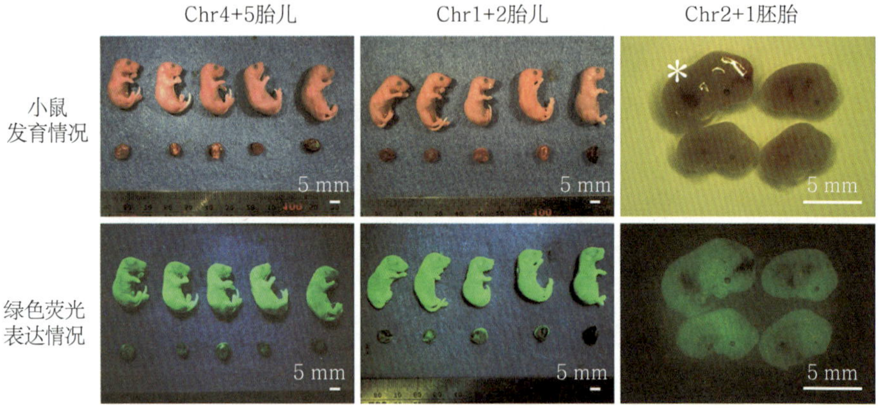

图 2-4　携带有 Chr4+5、Chr1+2 和 Chr2+1 染色体的小鼠发育和绿色荧光表达情况

注：* 为 12.5 天发育异常死亡的小鼠，Chr4+5 和 Chr1+2 都获得了存活的小鼠幼崽，但携带 Chr2+1 染色体的小鼠胚胎发育异常，发育到 12.5 天就会死亡。

为了探究 Chr1+2 小鼠表现异常的原因，本研究比较了 Chr1+2 小鼠与野生型小鼠的大脑、肺、心脏、肝脏、脾脏、肾脏和肌肉的基因表达数据，并确定了 2137 个器官特异性和 50 个共有的差异表达基因，其中 26.4% 位于 Chr1、Chr2 和 Chr17 上。占基因组 3.5% 的 Chr17 具有 7.7% 器官特异性和 20% 共有的差异表达基因，表明其重排与基因失调之间可能存在相关性。本研究分析了下调差异基因中位于 Chr17 上的钙蛋白酶 11（calpain 11，*Capn11*）基因，它编码一种钙依赖性蛋白酶。*Capn11* 在 SH3 和多重锚蛋白重复域 3（SH3 and multiple ankyrin repeat domain protein，*Shank3*）过表达小鼠（一种自闭症和精神分裂症模型）[32] 中表达同样下降。为了探明 *Capn11* 是否与

Chr1+2 小鼠的异常行为有关，本研究敲除了野生型小鼠中的 *Capn11*。敲除 *Capn11* 鼠在旷场实验中同样避开了中心区域，并在断奶时表现出体重增加（图 2-5）。这些数据表明，*Capn11* 失调是导致 Chr1+2 表型异常的原因之一。本团队也发现在 Chr1+2 haESCs 和 NSCs 中，*Capn11* 的表达水平降低。然而，染色质构象与染色体接触分析显示这些细胞中的 *Capn11* 位点没有变化，第三代测序结果以及染色质可及性分析也未发现该位点的异常变化。*Capn11* 基因内存在长末端重复序列（long terminal repeat，LTR）[33]，减少了与其他基因组区域的联系，但敲除此 LTR 并没有挽救 *Capn11* 的表达水平。*Capn11* 在截短的 Chr2+1 haESCs 中的表达也下调，但在 Chr2+1 haESCs 中，甚至在全长的 Chr1+2 haESCs 中正常。这可能是由 17 号染色体与 Chr1+2 和截短的 Chr2+1 haESCs 中融合的染色体片段不同导致的，但具体机制还并未探明。

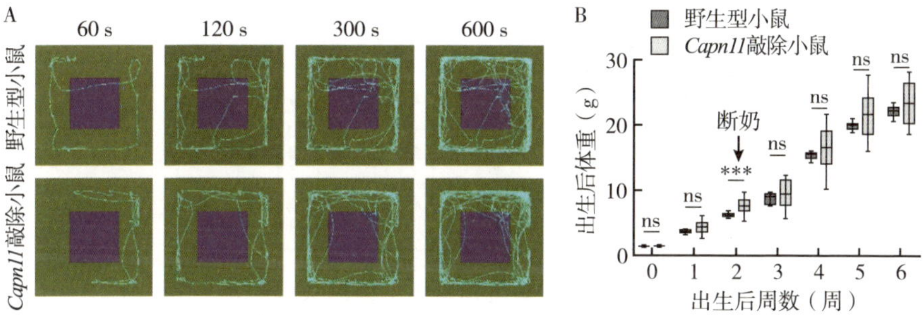

图 2-5　*Capn11* 基因敲除后，小鼠的行为学和生长情况分析

注：A. *Capn11* 敲除小鼠和野生型小鼠的旷场分析；B. *Capn11* 敲除小鼠和野生型小鼠的体重增长情况，ns 表示无显著性差异，*** 表示在 $P<0.001$ 水平上差异显著。

3. 获得纯合染色体连接的小鼠后代——染色体连接后的结构变化

在获得了携带融合染色体的杂合小鼠后，本研究让杂合 Chr4+5 小鼠（F_0）与野生型小鼠交配，产生后代小鼠（F_1）。使用聚合酶链

图 2-6 染色体连接小鼠“小竹”

反应（polymerase chain reaction，PCR）鉴定携带连接染色体的 F_1 代小鼠，并将没有印记缺失的 F_1 代杂合雌鼠和野生雄鼠交配，获得了 3 只携带 Chr4+5 连接染色体的纯合小鼠（图 2-6）。结果显示在纯合小鼠的所有器官中都发现了连接的 Chr4 和 Chr5（图 2-7），大脑的 Hi-C 结果也显示 Chr4 和 Chr5 之间的接触增加。这些数据表明，Chr4+5 被均匀地保留在 Chr4+5 纯合小鼠的细胞和器官中。

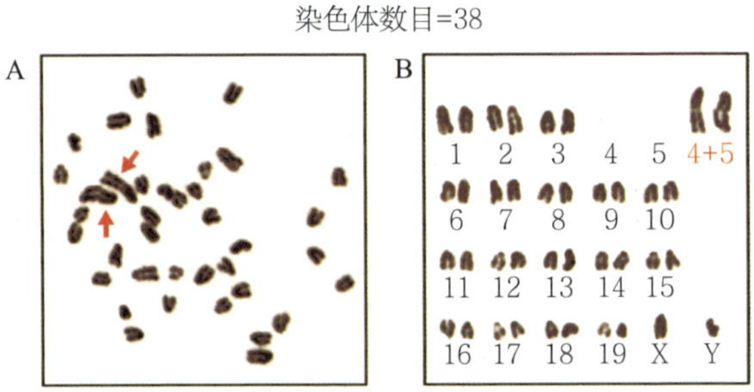

图 2-7 Chr4+5^{++} 纯合染色体连接小鼠的核型鉴定（A）和染色体条带特征分类（B）

注：用秋水仙素处理细胞，使有丝分裂停滞于中期；用吉姆萨染液对染色体染色后，在显微镜下观察染色体形态；红色箭头所指为融合后的 Chr4 和 Chr5；根据染色后染色体条带特征分类排列后得到 B 图。

从 18 窝 Chr4+5 杂合后代中共获得 3 只 Chr4+5 纯合幼崽、33 只 Chr4+5 杂合幼崽和 17 只野生型幼崽。这一比例不符合孟德尔定律，这可能是由 Chr4+5 杂合生殖细胞中染色体配对或分离错误造成的。本研究使用联会复合体蛋白 3（synaptonemal complex protein3，SYCP3）染色显示染色体轴并使用 FISH 检测显示 Chr4 和 Chr5，在野生型粗线期精母细胞中鉴定了分离的 Chr4 和 Chr5 二价体，以及在杂合粗线期精母细胞中发现了 Chr4 和 Chr5 三价体，表明 Chr4+5 可以与 Chr4 和 Chr5 正确配对（图 2-8）。

因此，本研究提出 Chr4+5、Chr4 和 Chr5 配对的 3 种分离模式（图 2-9A）。为了观察实际的分离结果，本研究从 Chr4+5 杂合小鼠中提取成熟精子，杂合小鼠中表现出高流动性（线性运动）的精子比例远低于野生型（图 2-9B）。为了避免偏差，本研究使用胞质内单精子注射（intracytoplasmic sperm injection，ICSI）来验证这一分离模式，发现胚胎的核型与假设的分离模式 Ⅰ 或 Ⅱ 一致，但没有发现第

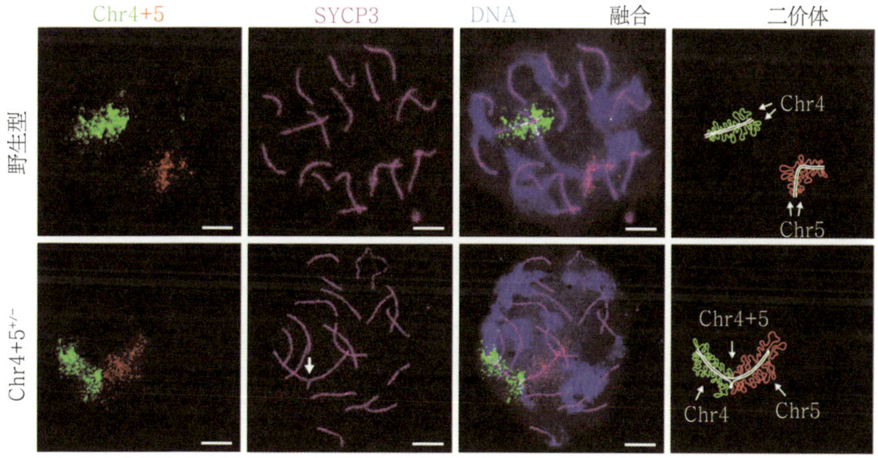

图 2-8　野生型小鼠与 Chr4+5 杂合小鼠精子粗线期染色体分裂情况

注：野生型为染色体未经编辑的正常小鼠精母细胞，Chr4+5$^{+/-}$ 为携带一条融合染色体和两条正常染色体的杂合小鼠精母细胞；绿色荧光显示的是 Chr4，红色荧光显示的是 Chr5，可见杂合精子中两个染色体相连；紫色荧光标记了 SYCP3 蛋白，表示染色体轴的位置；蓝色荧光标记了散在分布的染色体；在野生型精母细胞中，白色箭头所指为减数分裂过程中的两条同源染色体联会形成二价体；而在杂合小鼠精子中，一条融合的染色体与两条正常染色体联会形成三价体。

三种分离模式（图 2-9C）。

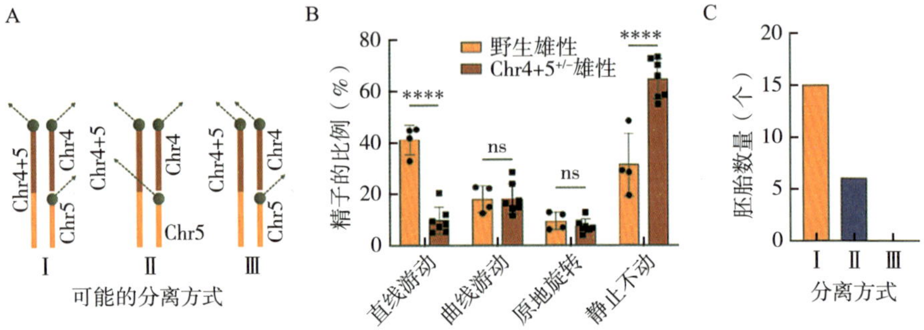

图 2-9　3 种可能的染色体配对分离模式（A）、野生型小鼠与 Chr4+5 杂合小鼠的精子质量比较（B）和 3 种分离方式的胚胎数量统计（C）

注：A 图中不同的箭头指向表示不同的分离方向，Ⅰ为 Chr4+5 向一侧分离，Chr4 和 Chr5 向另一侧分离；Ⅱ为 Chr4+5 和 Chr5 向同一侧分离，Chr4 向另一侧分离；Ⅲ为 Chr4+5 和 Chr4 向一侧分离，Chr5 向另一侧分离；B 图表明杂合小鼠精子运动能力比野生型差，ns 表示无显著性差异，**** 表示在 $P<0.0001$ 的水平上差异显著；C 图表明发现了Ⅰ和Ⅱ两种分离方式，但不存在Ⅲ的分离方式。

本研究发现在 Chr4+5 haESCs、NSCs 和大脑中，相连染色体之间的接触增加。Chr5 与 Chr4 增加的接触聚集在 Chr5 近端，Chr4 与 Chr5 增加的接触则聚集在 Chr4 远端（图 2-10）。拓扑相关域（topological associated domain，TAD）分析表明与胚胎干细胞相比，Chr4+5 NSCs 和大脑中染色体的结构更为紧凑。Meta-TAD（相邻 TAD 组合形成的更大调控区块）边界在 Chr4+5 haESCs 中得到加强，在 Chr4+5 NSCs 中减弱，并在 Chr4+5 大脑中得到维持。本研究分别在 Chr4+5 haESCs、NSCs 和大脑中鉴定了 58、1595 和 418 个差异表达基因，它们没有富集在 Chr4 和 Chr5 上，改变的染色体接触也没有聚集在这些基因的转录起始位点。

4. 另一种染色体连接策略——建立罗伯逊易位小鼠模型

上文中，本研究通过串联融合的方式连接了哺乳动物的染色体，

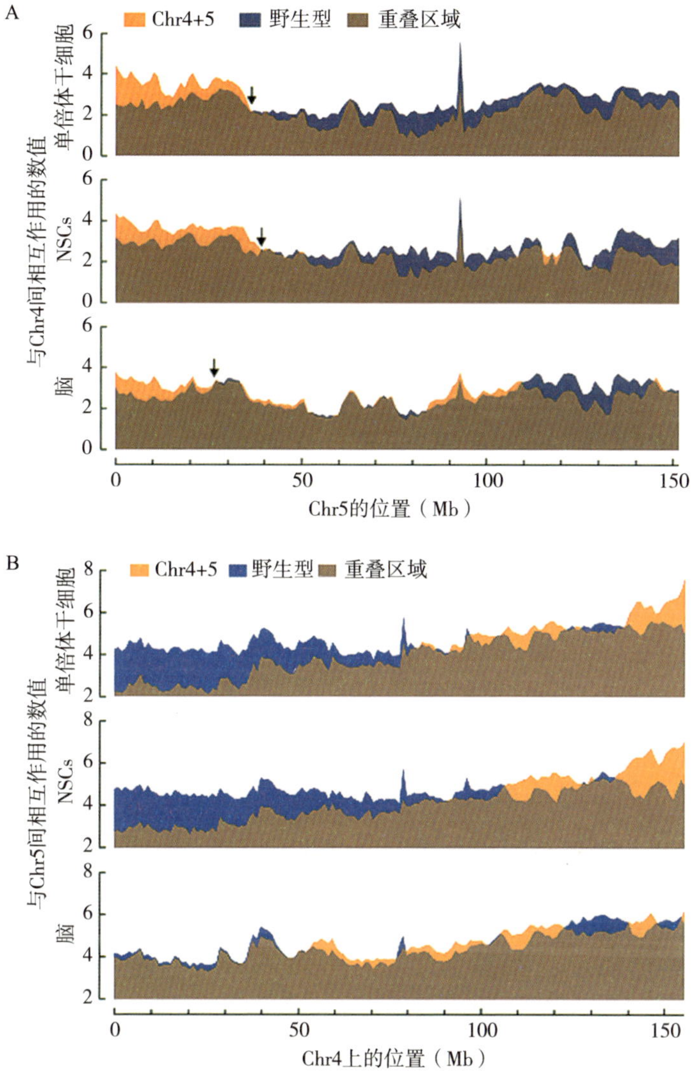

图 2-10 野生型小鼠与 Chr4+5 染色体连接小鼠的染色体接触数量

注：A. Chr4 在 Chr5 上的接触数量；B. Chr5 在 Chr4 上的接触数量。

而在自然界中，还常常会出现罗伯逊易位导致的染色体重排。罗伯逊易位是指两个近端着丝粒染色体在着丝粒或其附近断裂后，短臂丢失，两条染色体长臂融合为一条染色体，造成染色体数目减少、长臂数目不变、短臂减少的现象。但罗伯逊易位的产生也会造成个体染色体数目改变，与正常个体婚配后有可能会出现妊娠困难、反复流产的现象，甚至产生染色体拷贝数异常（三体综合征）的后代。因此，对罗伯逊易位产生的物种进化动力和个体疾病机制进行研究也是十分重要的。中国科学院分子细胞科学卓越创新中心的李劲松研究团队通过设计靶向染色体着丝粒区的基因编辑工具，建立了另外一种由罗伯逊易位产生的染色体连接小鼠模型[34]。

小鼠染色体上的小卫星序列（minor satellite，MinSat）是一段保守的串联重复序列，位于除 Y 染色体外的其他染色体着丝粒区。本研究利用 CRISPR/Cas 系统对该位点进行切割，在 haESCs 中进行染色体连接，最终获得了 Chr1+3、Chr2+6、Chr5+17 等 10 个染色体连接细胞系，利用免疫荧光染色和 FISH 实验证实了染色体之间的连接。转录组测序显示染色体连接后并未带来严重的基因表达异常。在染色质的空间结构上，Hi-C 测序发现除了相连染色体之间空间的接触增加，其对整个染色体组空间结构只有轻微的影响。有趣的是，除了罗伯逊易位连接的染色体，其他活跃的染色体区域相互作用也得到了增强。通过单倍体注射，本研究同样获得了携带融合染色体的杂合小鼠，进一步交配后获得了染色体连接的纯合小鼠。罗伯逊易位形成的染色体连接对基因表达和染色体结构的扰动都比较轻微，本研究在含有染色体连接的细胞中尝试进一步连接 1 ～ 2 个染色体。虽然随着连接染色体数目的增多，基因表达越发异常，但这些连接的染色体仍然能够存在于杂合小鼠中，并传递给后代。

总结

综上所述，本研究首次建立了哺乳动物完整染色体可编程连接的新技术，实现了对于超大规模基因组的编辑，为哺乳动物合成生物学增添了新的研究工具。同时，该工作发现了染色体长度的限制，为哺乳动物合成生物学进行染色体设计合成提供了重要参考。在实验室小鼠模型中重构染色体重排事件，有助于理解进化衍生的染色体融合，也证明了染色体重排与生殖隔离的相关性，为进化生物学研究提供了新的思路。染色体精准重排技术为建立染色体重排疾病的动物模型，研究染色体重排导致的不孕不育和肿瘤等疾病的发病机制，探索疾病的治疗手段提供了新的技术手段。

发展前景与展望

在漫长的物种进化过程中，染色体重排是很常见的。例如，黑猩猩中两条端着丝粒染色体通过罗伯逊融合形成了人类的 Chr2。染色体重排对于生物个体的生命活动有何意义？对于物种的进化与演替究竟有怎样的影响？染色体融合也是一种常见的染色体结构变异形式，新生儿中出现罗伯逊易位的比例为 1‰，与单亲二倍化、不孕不育和儿童白血病密切相关，为新生儿的健康带来严重威胁。而目前的基因治疗策略和研究主要局限于单基因或多基因遗传病上，如何研究染色体结构变异疾病的产生、发展和传递的机制？如何治疗和预防这一疾病对人类健康带来的危害？

该研究首次实现在复杂的哺乳动物基因组中，以小鼠单倍体干细胞为媒介，利用基因编辑技术实现了完整染色体的首尾连接，进一步丰富了单倍体干细胞以及基因编辑在染色体结构变异疾病模型上的应用。这将有助于开发更精确、有效的基因治疗方法，进而推动其在再生医学和药物筛选等方面的应用。同时，本研究为进一步解析染色体的结构和功能提供了很好的模型，对于研究染色体重排在个体生命活动以及物种进化演替中的作用具有重大意义。

人工实现染色体的连接是一项从无到有的原创性研究，也是合成生物学的一项重要成果。利用单倍体干细胞介导的半克隆技术作为衔接细胞和个体的强有力遗传载体，未来在合成生物学和系统生物学的加持下会焕发巨大活力，使人工改造物种及人工定制物种成为可能，高等生物全基因组设计重排也不是幻想。

参考文献

[1] Hans H. The laboratory mouse[M]. Elsevier, Amsterdam, ed. Second edition, 2012: 845.

[2] Wallace B M, Searle J B, Everett C A. Male meiosis and gametogenesis in wild house mice (*Mus musculus domesticus*) from a chromosomal hybrid zone; a comparison between "simple" Robertsonian heterozygotes and homozygotes[J]. Cytogenetics and Cell Genetics, 1992, 61(3): 211−220.

[3] Coghlan A, Eichler E E, Oliver S G, et al. Chromosome evolution in eukaryotes: a multi-kingdom perspective[J]. Trends in Genetics, 2005, 21(12): 673−682.

[4] Fan Y, Linardopoulou E, Friedman C, et al. Genomic structure and evolution of the ancestral chromosome fusion site in 2q13−2q14.1 and paralogous regions on other human chromosomes[J]. Genome Research, 2002, 12(11):1651−1662.

[5] Stankiewicz P, Park S S, Inoue K, et al. The evolutionary chromosome translocation 4;19 in Gorilla gorilla is associated with microduplication of the chromosome fragment syntenic to sequences surrounding the human proximal CMT1A-REP[J]. Genome Research, 2001, 11(7): 1205−1210.

[6] Pujol A, Benet J, Staessen C, et al. The importance of aneuploidy screening in reciprocal translocation carriers[J]. Reproduction, 2006, 131(6): 1025−1035.

[7] Greaves M F, Wiemels J. Origins of chromosome translocations in childhood leukaemia[J]. Nature Reviews Cancer, 2003(3): 639−649.

[8] Scriven P N, Flinter F A, Braude P R, et al. Robertsonian translocations-reproductive

risks and indications for preimplantation genetic diagnosis[J]. Human Reproduction, 2001, 16(11): 2267–2273.

[9] Navarro J, Vidal F, Benet J, et al. XY-trivalent association and synaptic anomalies in a male carrier of a Robertsonian (13;14) translocation[J]. Human Reproduction, 1991, 6(3): 376–381.

[10] Stricklett P K, Nelson R D, Kohan D E. Site-specific recombination using an epitope tagged bacteriophage P1 Cre recombinase[J]. Gene, 1998, 215(2): 415–423.

[11] Ramirez-solis R, Liu P T, Bradley A. Chromosome engineering in mice[J]. Nature, 1995, 378(6558): 720–724.

[12] Zheng B H, Sage M, Cai W W, et al. Engineering a mouse balancer chromosome[J]. Nature Genetics, 1999, 22(4): 375–378.

[13] Su H, Wang X Z, Bradley A. Nested chromosomal deletions induced with retroviral vectors in mice[J]. Nature Genetics, 2000, 24(1): 92–95.

[14] Maynard T M, Haskell G T, Lieberman J A, et al. 22q11 DS: genomic mechanisms and gene function in DiGeorge/velocardiofacial syndrome[J]. International Journal of Developmental Neuroscience, 2002, 20(3/4/5): 407–419.

[15] Barrangou R, Fremaux C, Deveau H, et al. CRISPR provides acquired resistance against viruses in prokaryotes[J]. Science, 2007, 315(5819): 1709–1712.

[16] Jinek M, Chylinski K, Fonfara I, et al. A programmable dual-RNA-guided DNA endonuclease in adaptive bacterial immunity[J]. Science, 2012, 337(6096): 816–821.

[17] Zuo E W, Huo X N, Yao X, et al. CRISPR/Cas9-mediated targeted chromosome elimination[J]. Genome Biology, 2017, 18(1): 224.

[18] Shao Y Y, Lu N, Wu Z F, et al. Creating a functional single-chromosome yeast[J]. Nature, 2018, 560(7718): 331–335.

[19] Yi M, Hong N, Hong Y. Generation of medaka fish haploid embryonic stem cells[J]. Science, 2009, 326(5951):430–433.

[20] Elling U, Taubenschmid J, Wirnsberger G, et al. Forward and reverse genetics through derivation of haploid mouse embryonic stem cells[J]. Cell Stem Cell, 2011, 9(6): 563–574.

[21] Leeb M, Wutz A. Derivation of haploid embryonic stem cells from mouse embryos[J]. Nature, 2011, 479(7371):131–134.

[22] Yang H, Liu Z, Ma Y, et al. Generation of haploid embryonic stem cells from Macaca

fascicularis monkey parthenotes[J]. Cell Research, 2013, 23(10):1187–1200.

[23] Li W, Li X, Li T, et al. Genetic modification and screening in rat using haploid embryonic stem cells[J]. Cell Stem Cell, 2014, 14(3): 404–414.

[24] Sagi I, Chia G, Golan-Lev T, et al. Derivation and differentiation of haploid human embryonic stem cells[J]. Nature, 2016, 532(7597):107–111.

[25] Zhong C, Zhang M, Yin Q, et al. Generation of human haploid embryonic stem cells from parthenogenetic embryos obtained by microsurgical removal of male pronucleus[J]. Cell Research, 2016, 26(6): 743–746.

[26] Zhang X M, Wu K, Zheng Y, et al. *In vitro* expansion of human sperm through nuclear transfer[J]. Cell Research, 2020, 30(4): 356–359.

[27] Zhong C, Yin Q, Xie Z, et al. CRISPR-Cas9-mediated genetic screening in mice with haploid embryonic stem cells carrying a guide RNA library[J]. Cell Stem Cell, 2015, 17(2): 221–232.

[28] Li Z, Wan H, Feng G, et al. Birth of fertile bimaternal offspring following intracytoplasmic injection of parthenogenetic haploid embryonic stem cells[J]. Cell Research, 2016, 26(1): 135–138.

[29] Li Z K, Wang L Y, Wang L B, et al. Generation of bimaternal and bipaternal mice from hypomethylated haploid ESCs with imprinting region deletions[J]. Cell Stem Cell, 2018, 23(5): 665–676.

[30] Maass P G, Barutcu A R, Weiner C L, et al. Inter-chromosomal contact properties in live-cell imaging and in Hi-C [J]. Molecular Cell, 2018, 69(6): 1039–1045.

[31] Lipkind D, Sakov A, Kafkafi N, et al. New replicable anxiety-related measures of wall vs center behavior of mice in the open field[J]. Journal of Applied Physiology, 2004, 97(1): 347–359.

[32] Jin C, Kang H, Ryu JR, et al. Integrative brain transcriptome analysis reveals region–Specific and broad molecular changes in *Shank3*-overexpressing mice[J]. Frontiers in Molecular Neuroscience, 2018(11): 250.

[33] Sharifi-Zarchi A, Gerovska D, Adachi K, et al. DNA methylation regulates discrimination of enhancers from promoters through a H3K4me1-H3K4me3 seesaw mechanism[J]. BMC Genomics, 2017, 18(1): 964.

[34] Zhang X M, Yan M, Yang Z, et al. Creation of artificial karyotypes in mice reveals robustness of genome organization[J]. Cell Research, 2022, 32(11): 1026–1029.

03 高精度生命全景时空基因表达地图绘制

魏小雨　成梦南　刘　畅　夏科科　陈雪芹
刘龙奇　徐　讯

引　言

“凤凰涅槃，浴火重生”的故事承载了人类对生命的美好想象，而与之紧密联系的是西方不死鸟的神话。它描绘了焚躯之后重生的幼鸟形象，这也表明在人们朴素的认知和想象中，生命和躯体的再造似乎和幼体向成体的发育颇为相似。而在实际生活中，生命的再生虽然是天方夜谭，但伤口的愈合乃至部分躯体的再生现象却确确实实存在。从皮肤创口的愈合和皮肤表皮的再生，再到常见的壁虎断尾再生乃至人类的肝脏再生，都是局部再生的例子。在医学治疗中，再生也是十分重要的领域，特别是再生医学的持续发展，为患者受损组织的修复甚至器官的再生都带来了广阔前景。而说起再生，不得不提一种动物——蝾螈。蝾螈具有强大的再生能力，甚至可以再生受伤的大脑。那么，蝾螈大脑再生的秘密是什么？如何开展有效的研究去探索相关的机理？蝾螈大脑再生对于人类的大脑疾病治疗有哪些借鉴意义？

另外，在生命的奥秘中，胚胎早期发育研究无疑是一个引人入胜的领域，主要探索从单个受精卵到完整生物的奇妙演变过程。这是一个融汇了科学、艺术与哲学的独特领域，既满足了人们对知识的渴求，又触及了关乎生命本质的深刻问题。当我们在生命的奇迹面前驻足时，不禁会问自己：从受精卵到完整生物这个令人惊叹的转变过程，究竟发生了什么？胚胎早期发育如何影响着人类未来的健康和生命质量？为什么研究胚胎发育对于人类科学、医学和生物技术的进步具有如此重要的意义？通过研究胚胎早期发育，我们不仅能探索生命起源的奥秘，还能深化对疾病、遗传和进化的理解。这一领域的研究成果将如何帮助我们应对诸如不孕、先天性疾病以及遗传病的挑战？又将如何引领生物科技和医学的创新革命，为人类带来更好的生活？

让我们一起探索蝾螈大脑再生和胚胎早期发育的奥妙，倾听生命的起源，解读生命密码，追寻科学、医学和生物技术进步背后的意义吧！

研究背景

生命科学研究的进展在很大程度上是由技术突破推动的。基因测序技术的突破使我们能够破译人类基因组密码，大规模单细胞技术的突破使我们能够绘制人体所有细胞类型图谱，空间组学技术的突破则使我们能够在单细胞分辨下同时获取细胞组学信息和位置信息，极大地推动了胚胎发育、脑科学、癌症等领域研究的发展。本研究旨在开发新的空间组学技术，并利用空间组学技术进行蝾螈大脑再生和模式生物胚胎早期发育研究。

1. 空间组学技术

组织测序如同制作一杯冰沙，把样本研磨成匀浆，最终得到的是组织细胞中平均的基因表达情况；单细胞测序则像是一盘水果沙拉，可以让我们清楚地看到里面每一个细胞的基因表达情况；而空间转录组技术，就像一个水果派，能让我们看到每一个水果在空间上的位置信息。空间转录组测序能够获得更多至关重要的空间背景信息，是继单细胞测序技术之后，在探索微环境互作、疾病病理等方向中又一潜力无限的技术。

2. 蝾螈

蝾螈是一种有尾两栖动物，隶属于两栖纲有尾目、蝾螈亚目、蝾螈科、蝾螈属，体形和蜥蜴相似，但体表没有鳞。它身体短小，有4条腿，体长10～15cm，大都有明亮的色彩和显眼的模样。它们靠皮肤来吸收水分，生活在潮湿的生活环境中，广泛分布于全球温暖的淡水和沼泽地区。大多数成年的蝾螈白天躲藏起来，晚上才出来觅食，喜食活的小动物。在自然界中生活的蝾螈，受精卵至成体的发育时间为 3 ～ 4 个月，幼体到成体的发育过程包括两栖类典型的变态发育。蝾螈头部具有独特的 6 条鳃特征，因此被俗称为“六角恐龙”。蝾螈可爱的外表使它成为人们喜爱的宠物，但它可不像外表看起来这般“呆萌”。蝾螈具有强大的再生能力，可再生肢体、眼睛、尾巴、肝脏以及皮肤等器官，甚至可以再生复杂的大脑。

3. 模式物种胚胎发育

本研究选取了果蝇、斑马鱼、小鼠以及拟南芥 4 种模式生物作为胚胎发育研究对象。

果蝇是遗传学和发育生物学等多个生命科学领域广泛使用的模式生物，在探寻果蝇胚胎发育、器官发生以及个体衰老等方面具有重要作用，为哺乳动物发育保守进程以及疾病发生机制的研究提供了深刻的启示。

斑马鱼的基因组与人类有很高的相似性，约 70% 的人类基因在斑马鱼中有同源基因，这使斑马鱼成为研究基因功能、疾病机制以及药物筛选的理想模型。斑马鱼的生命周期相对较短，繁殖能力强，从受精到成熟只需 2 ～ 3 个月。这意味着科研人员可以在相对较短的时间内，观察多代斑马鱼的发育过程。

小鼠体形小、饲养成本低且适应性强，可以在实验室进行大规模饲养，为各种生物医学研究提供充足的样本。小鼠与人类在基因层面上有很高的相似性，大约 85% 的小鼠基因在人类中有对应的同源基因，这使小鼠成为研究人类基因功能、疾病发生机制以及药物筛选的理想模型。

拟南芥具有较短的生命周期，从种子发芽到产生新的种子只需约

6 周。这意味着科研人员可以在短时间内观察多代拟南芥的生长和遗传特征，进而加速实验进程。拟南芥的基因组相对较小，约为 1.57 亿碱基对，这使基因测序和功能研究变得相对容易和快速，为植物基因组学研究奠定了基础。

研究目标

本研究的总体目标是开发一种高精度空间转录组技术，利用此技术探索蝾螈大脑再生，绘制果蝇、斑马鱼、小鼠早期胚胎发育的空间组学图谱，绘制拟南芥叶片空间组学图谱，具体包括以下四个方面。

第一，研发空间转录组技术。开发单细胞精度、大组织市场、高捕获能力的时空组学技术。

第二，利用空间组学技术，探究蝾螈大脑再生机制。以蝾螈为模型，从两个方向解读蝾螈脑的再生机制：①究竟是什么类型的细胞导致蝾螈大脑的再生反应？②它们是如何促进损伤部位修复的？这两个方向的共同研究目标是：为什么蝾螈大脑可以再生，而哺乳动物不能？

第三，利用空间组学技术，绘制模式物种胚胎发育的时空图谱。①利用空间转录组技术绘制果蝇晚期胚胎（产卵后 14 ～ 16 h、16 ～ 18 h）和 3 个（L1 ～ L3）龄期幼虫发育阶段细胞类型的表达图谱，并重建果蝇样本的 3D 时空转录组图谱；探究果蝇晚期胚胎及幼虫中关键转录因子的空间活性变化，以期为揭示果蝇发育过程中基因的空间调控提供线索。②对斑马鱼受精后 24 h 以内 6 个关键时间点的胚胎进行研究，以期绘制斑马鱼胚胎早期发育的时空转录组图谱，同时构建具有空间信息的发育轨迹。③构建小鼠早期胚胎发育的动态时空图谱，探究各种细胞类型产生的模式及关键调控因子。

第四，将空间组学技术应用到植物上，绘制拟南芥叶片的空间组图谱。在植物中建立单细胞水平空间转录组学技术，利用此技术来区分叶片中不同细胞亚型并探究其差异，在空间上展示从叶脉到叶边缘的基因表达模式以及构建空间原位细胞类型之间的发育关系。

研究内容

1. 开发空间组学技术

当前的空间组学技术存在若干限制，包括分辨率低、适应的组织小、基因捕获率不足等问题。本研究针对上述问题，基于 DNA 纳米球（DNA nanoball，DNB）测序芯片，开发单细胞分辨率、厘米级视场的高精度全景式空间转录组技术。

2. 绘制蝾螈大脑再生时空图谱

本研究的主要内容可以划分为 3 点：①解析蝾螈脑发育过程中神经干细胞（neural stem cells，NSCs）的动态变化过程；②解析蝾螈脑再生过程中发挥关键作用的 NSCs；③通过比较脑再生和发育过程，进一步理解大脑再生的本质。在这些研究中，如何构建高精度且保留空间位置信息的转录组图谱，以及如何从复杂的再生动态过程中找出关键的 NSCs，是本文的创新点和关键点。

本研究利用空间增强分辨率组学测序（spatial enhanced resolution

omics-sequencing，Stereo-seq）绘制蝾螈脑发育及再生过程中单细胞水平空间转录组图谱，系统地解析蝾螈端脑细胞类型及脑区分布，揭示蝾螈端脑主要细胞类型的转录组动态变化，解析损伤侧与非损伤侧细胞类型在不同时间点的分布差异以及细胞互作情况，推测损伤区域再生神经细胞谱系分化机制。最后，探究蝾螈脑再生与发育之间潜在的神经形成分子调控机制的异同。这些结果于2022年9月在《科学》(*Science*) 杂志以封面故事的形式发表[1]。

3. 绘制模式生物早期胚胎发育时空图谱

（1）绘制果蝇早期胚胎发育时空图谱

本研究收集果蝇样本的连续切片进行Stereo-seq测序，通过生物信息学分析，构建果蝇晚期胚胎以及幼虫期的3D转录本模型，鉴定果蝇中肠的功能亚区，并且探究果蝇精巢中精子发生过程中关键基因的空间动力学机制，最后绘制果蝇发育的空间转录调控网络。该成果在《发育细胞》(*Developmental Cell*) 以封面形式发表[2]。

（2）绘制斑马鱼早期胚胎发育时空图谱

本研究的主要内容可以划分为4点：①选取受精后24 h内6个关键发育时间点（受精后3.3 h、5.25 h、10 h、12 h、18 h、24 h）的斑马鱼胚胎，对总共91张矢状面冰冻切片进行Stereo-seq测序和生信分析；在此基础上，搭建斑马鱼早期胚胎发生时空转录组图谱在线开放资源库；②利用基于计算基因表达空间分布相似性的空间共变基因模块，探究空间功能区域间的相互调控作用；③对每个时间点的Stereo-seq数据和单细胞转录组测序（single cell RNA sequence，scRNA-seq）数据进行整合分析，构建斑马鱼胚胎发生过程中细胞命运转变和细胞分子变化的时空发育轨迹，探索性地研究细胞空间微环境与分化方向之间的关联；④分析斑马鱼胚胎发生过程中不同配体—受体对的动态空间分布，发现新的配体—受体对互作模式。该成果在《发育细胞》（*Developmental Cell*）以封面形式发表[3]。

（3）绘制小鼠早期胚胎发育时空图谱

本研究对发育 9.5 ～ 16.5 天的小鼠胚胎进行转录本空间图谱的绘制，并对各个时间点样本的基因表达模块的空间分布进行划分和功能的注释，构建高分辨率的小鼠器官发生时空转录组图谱（mouse organogenesis spatiotemporal transcriptomic atlas，MOSTA）。相关成果在《细胞》（*Cell*）以封面形式发表[4]。

（4）绘制拟南芥叶片时空图谱

基于植物细胞具有细胞壁这一特性，本研究建立一套适用于植物单细胞水平的空间转录组技术。本研究将此技术示范应用于模式植物拟南芥的叶片研究，对上、下表皮细胞、栅栏细胞、海绵细胞的转录组特征进行详细解析，以期攻克长期以来科研人员无法对叶片中高度相似细胞类型的分子特征进行有效解析的难题。该成果在《发育细胞》（*Developmental Cell*）以封面形式发表[5]。

研究成果

1. 开发了高精度大视野的时空组学技术

本研究基于华大自主研发的光刻芯片开发了 Stereo-seq 技术，芯片表面存在矩阵排列的点，每个点上结合一个 DNB，DNB 的直径为 220 nm 左右，中心距离为 715 nm 或 500 nm，代表两种分辨率。DNB 上携带着唯一的空间标签序列以及特异性捕获基因序列。将 10 μm 厚度的鼠脑冷冻切片贴附在芯片表面，经过透化，使捕获探针可以捕获原位细胞内的基因，进而可以通过建库测序流程完成空间转录组数据检测。通过将测序结果和 DNB 上的空间标签序列进行比对，可以还原每一条捕获 RNA 的位置信息和分子信息。此技术实现了亚细胞级别的分辨率和厘米级视场，且提升了细胞的基因捕获效率，在空间组技术领域达到了全球领先水平（图 3-1）。

2. 蝾螈大脑再生时空图谱的绘制

（1）见微知著：蝾螈脑中都有哪些细胞类型

要想探究蝾螈大脑再生背后的秘密，首先需要知道蝾螈大脑中都有哪些细胞类型。在这一部分工作中，本研究首次利用空间转录组技术绘制了蝾螈成年端脑的空间转录组图谱。Stereo-seq 好比一个超广角百亿像素“生命照相机”，即使放大到亚细胞水平，也能轻松捕获蝾螈细胞代表身份和状态的转录本信息，从而精细地描绘蝾螈大脑切片中每一个细胞的特征。

基于这个图谱，再结合生物信息学分析手段，本研究发现蝾螈大脑细胞被划分为 6 个区域（图 3-2A），与蝾螈大脑的解剖区域一一对应，其中包括脑室区（ventricular zone，VZ）。先前的研究发现，蝾螈大脑 VZ 存在室管膜胶质细胞（ependymoglial cells，EGC）。它类似于哺乳动物的 NSCs，在蝾螈发育和再生过程中负责形成神经系统。在 VZ，本研究一共鉴定出 3 种 EGC 类型（图 3-2B），根据这 3 类细胞各自的特点和功能，本研究分别将其命名为 wntEGC、sfrpEGC 和核糖体相关 EGC（ribosomal EGC，ribEGC）。其中，ribEGC 类型细胞高表达细胞周期和翻译相关基因，可能具有活跃的增殖特性。

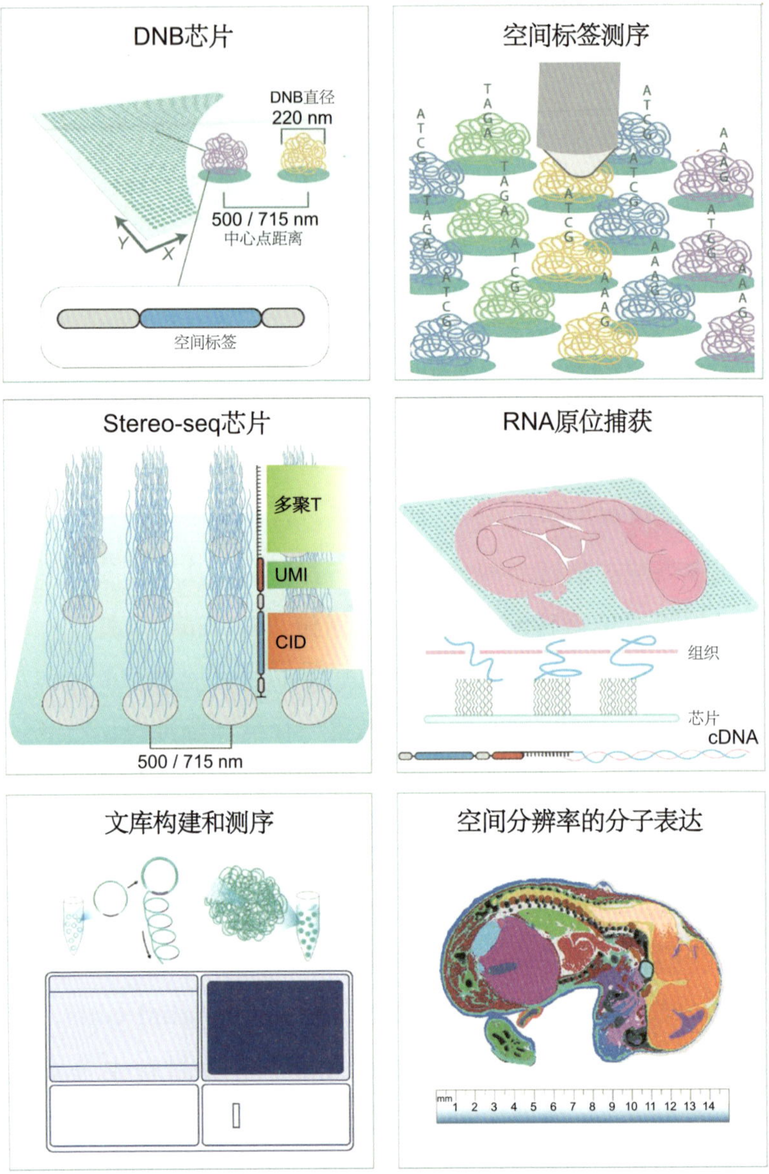

图 3-1　空间组学技术 Stereo-seq 流程示意

注：A、T、C、G 是组成 DNA 的 4 个碱基，中英文全称分别是腺嘌呤（adenine）、胸腺嘧啶（thymine）、胞嘧啶（cytosine）、鸟嘌呤（guanine），UMI 表示唯一分子标记（unique molecular identifiers），CID 表示时空条形码（coordinate ID），cDNA 表示互补 DNA（complementary DNA）。

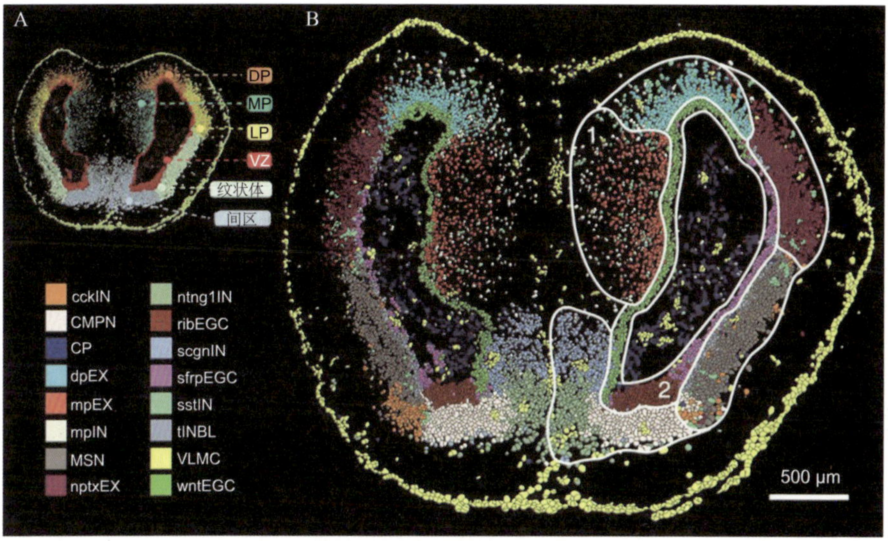

图 3–2 成年蝾螈端脑空间转录组图谱

注：Stereo-seq 鉴定的蝾螈端脑解剖区域（A）和细胞类型（B）。

（2）追根溯源：蝾螈脑中的 NSCs 类型是怎么发育来的

了解了蝾螈大脑中包含的细胞类型，那么这些 NSCs 类型是何时发育来的呢？在这一部分工作中，为了阐明蝾螈大脑发育过程的细胞类型动态变化特征，本研究利用“生命照相机”在蝾螈脑发育的 6 个重要时期，分别“拍摄照片”，这组“照片”就构成了蝾螈的脑发育时空图谱（图 3–3）。

通过这组照片，我们能够看到蝾螈脑在发育的过程中，各类神经元的分子特征以及空间分布动态变化。本研究重点关注发育阶段的 EGC 类群，发现表达早期发育基因的发育相关 EGC 出现在 44 时期（破膜后第一次进食时期），最终在幼年期消失并特化成 3 种 EGC 的亚型。sfrpEGCs 和 wntEGCs 在 54 时期（前肢生长完成时期）出现，从幼年期开始逐渐固定在特定的位置。也就是说，蝾螈大脑在幼年期就开始特化出具有空间区域特征的 NSCs 亚型。

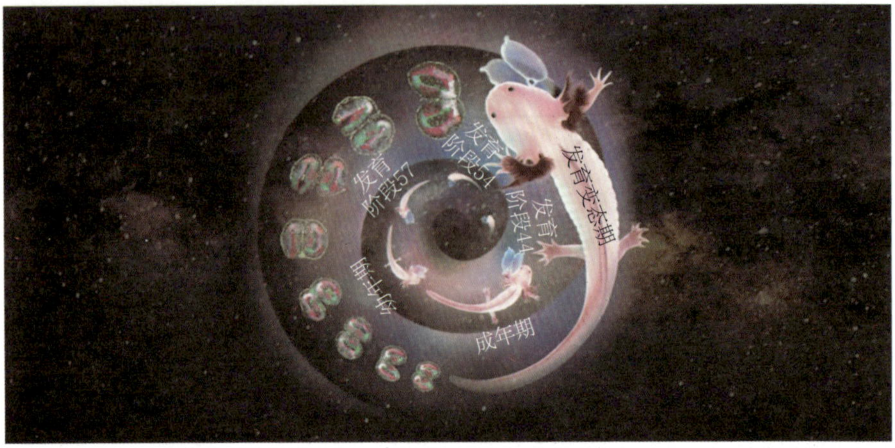

图 3-3　蝾螈脑发育时空图谱

（3）顺藤摸瓜：蝾螈脑中的 NSCs 类型对再生有什么作用

蝾螈端脑 VZ 区的 NSCs 亚群被认为在发育中发挥关键作用，那么它们在再生中又扮演了什么样的角色呢？在这一部分的研究中，本团队对蝾螈脑的皮层区域进行机械损伤手术，并在损伤后的第 2、5、10、15、20、30 及 60 天，利用 Stereo-seq 对大脑样本进行“拍照”，得到各个时间点的蝾螈脑再生图集，完整地记录了蝾螈大脑从损伤到再生修复完成的过程。这就像给蝾螈大脑恢复过程定期做一个 X 光检查。不过，得到的片子可比 X 光片的清晰度高多了，不仅能看到大脑的形状，还能持续放大，看到大脑里的细胞以及细胞里的分子变化状态。

通过对比 7 个时期的再生“照片”和过程中的伤口状态，本研究发现伤口区域在损伤早期，就出现了新的 NSCs 亚群（reactive EGC，reaEGC，图 3-4）。这群重要的细胞由损伤区域附近的其他 NSCs 亚群（wntEGC 和 sfrpEGC）在受到损伤刺激后转化而来，增殖后覆盖伤口处，并在后续的再生过程中新生出神经元，以填补损伤部位缺失的神经元。此外，虽然伤口处在修复早期便开始逐步被新生组织填充，但直到损伤后第 60 天，“照片”才显示损伤区域的细胞类型及空间分布恢复到了未损伤侧的状态。

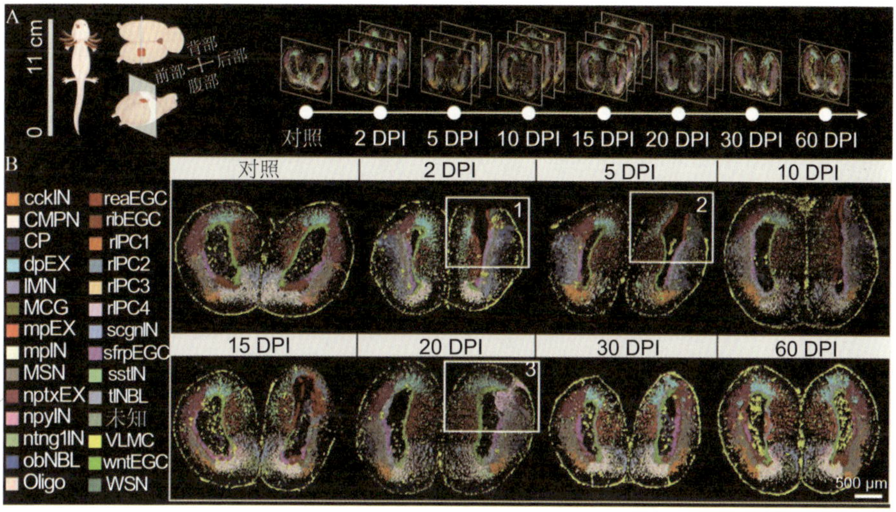

图 3-4　蝾螈损伤时期空间转录组图谱

注：A. 样本采集的示意图，在稳态和再生阶段的取样部分概述，DPI 是损伤后天数（day post injury）的英文简写；B. 不同调控阶段的蝾螈端脑切片中识别的细胞类型的空间可视化图，IMN 是未成熟神经元（immature neuron）、MCG 是小胶质细胞（microglical cell）、Oligo 是少突胶质细胞（oligodendrocyte）、obNBL 是嗅球神经母细胞（olfactory bulb neuroblast）、rIPC 是再生中间祖细胞（regeneration intermediate progenitor cell）、WSN 是创伤刺激神经元（wound stimulated neuron）的中文简写。

（4）生命的奥妙：蝾螈脑发育和再生的关系

最后，本研究还对比了蝾螈脑发育和再生过程的神经元形成过程，进一步探究蝾螈脑发育和再生的关系。结果发现，再生与发育过程中的成熟神经元形成过程高度相似，具有相似的谱系转变轨迹，均是从 NSCs 到中间态神经元，再到未成熟神经元和成熟神经元。最后，本研究通过对比发育和再生的分子表达特征，鉴定了再生与发育中相似及差异的相关通路。总的来说，蝾螈端脑时空组学数据表明，脑再生在一定程度上是重启的发育过程，但也有其独特的特点。或许脑损伤诱导了蝾螈 NSCs 逆向转化，回到发育时期的年轻化状态，以启动再生过程。

3. 小鼠早期胚胎发育时空图谱的绘制

本团队利用高分辨率的时空转录组技术 Stereo-seq，在小鼠胚胎器官形成的第 9.5~16.5 天，每天“拍摄”多张“照片”，得到 8 个时期的 53 张“照片”，形成了一个胚胎发育的时空图谱，就像一张生命全景地图，记录了小鼠胚胎内器官发育和形成的细胞演变过程，构建了世界上首个系统清晰的小鼠器官跨时期空间基因表达图谱集。这也是首次在单细胞分辨率水平上解析空间基因表达谱，为真正理解哺乳动物是如何发育的，组织是如何组成的等问题提供了重要的数据参考（图 3-5）。

4. 果蝇胚胎及幼虫发育时空图谱的绘制

果蝇长期以来一直是多个生物医学领域研究的模型生物。空间基因表达模式对于理解复杂的通路和相互作用至关重要，而时间基因表达变化对于研究高度动态的生理活动至关重要。然而，由于缺乏时空转录组信息，果蝇的系统研究仍受到阻碍。在这里，本研究利用 Stereo-seq，高分辨率和高灵敏度地剖析了发育中果蝇的时空转录组变化。研究结果表明，Stereo-seq 数据可用于果蝇胚胎和幼虫的空间转录组 3D 重建。通过这些 3D 模型，本研究在胚胎和幼虫的中肠中发现了功能性亚区域，揭示了幼虫睾丸的空间细胞状态动态，并在其地形背景下揭示了已知和潜在的转录因子和调控因子。本研究为果蝇发育提供了重要的数据资源（图 3-6）。

A

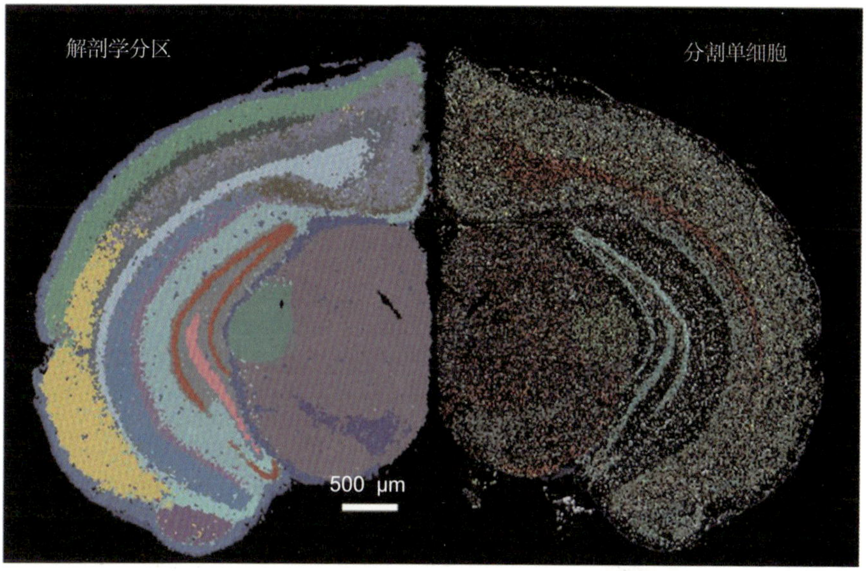

B

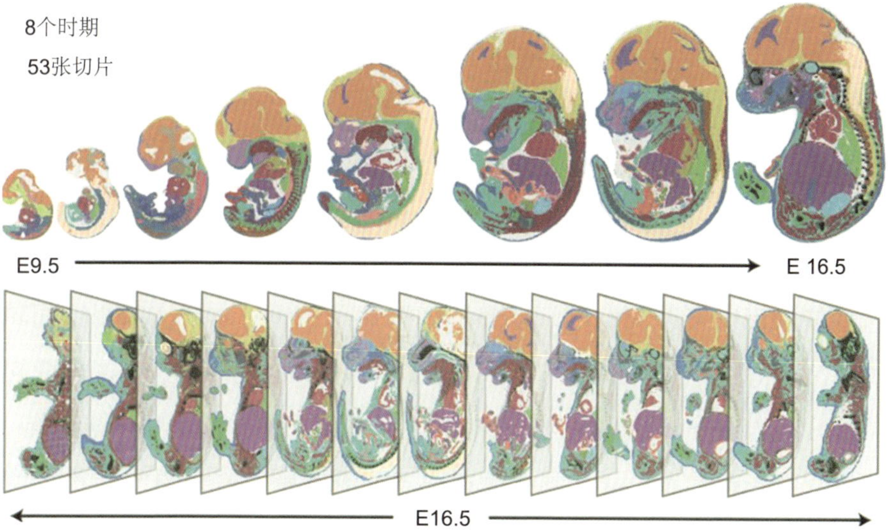

图 3-5 小鼠器官发生时期空间单细胞分辨率（A）和时空转录组图谱（B）

注：E9.5 表示受精后 9.5 天，E16.5 表示受精后 16.5 天。

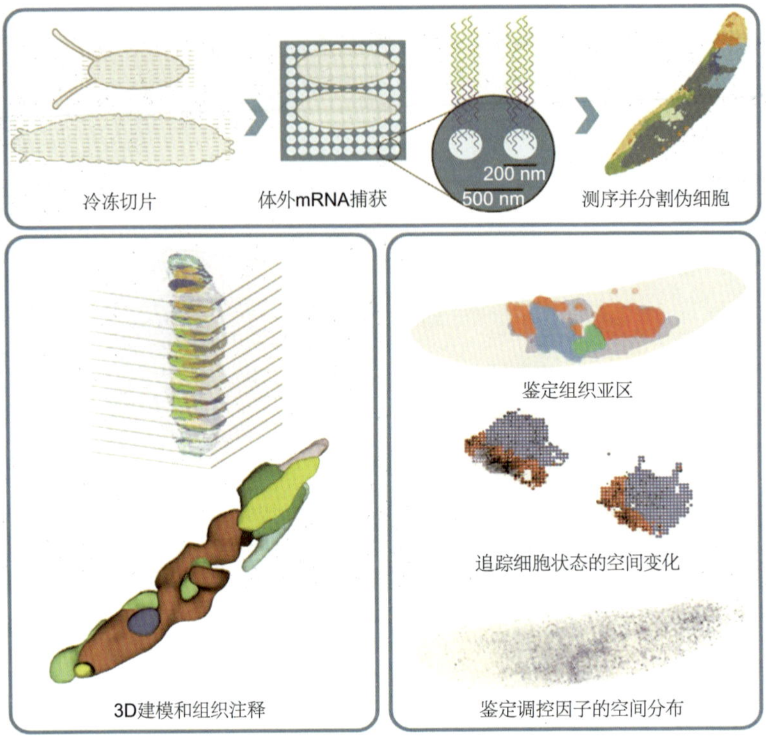

图 3-6　果蝇 3D 时空图谱的构建示意图

5. 斑马鱼早期胚胎发育时空图谱的绘制

理解脊椎动物胚胎发生的一个主要挑战是缺乏空间转录组信息，这些信息可以帮助我们更好地理解细胞命运决策。本研究采用空间转录组技术对 91 个斑马鱼胚胎切片进行了分析。这些切片覆盖了发育初期 24h 内的 6 个关键时间点，共获得了 152977 个具有空间坐标的点，分辨率接近单细胞尺寸。与此同时，本研究识别了特定组织结构的空间模块和协变基因。通过对每个时间点的空间组数据和单细胞数据进行综合分析，重建了斑马鱼胚胎发生过程中空间分辨的细胞命运转换和分子变化的发展轨迹。此外，本团队进一步研究了配体—受体对的空间分布，并在斑马鱼胚胎发育过程中鉴定了潜在的重要相互作用。本研究为进一步研究脊椎动物发育提供了基本参考（图 3-7）。

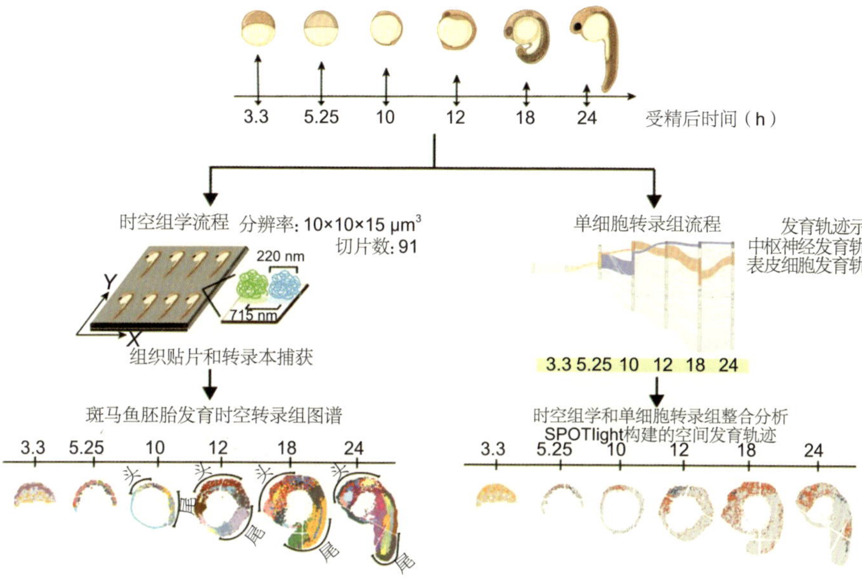

图 3-7 斑马鱼胚胎发育时空图谱

注：SPOTlight 为单细胞时空组学联合分析工具包。

6. 拟南芥叶片时空图谱的绘制

为了理解植物叶片的复杂功能，本研究对离散细胞特征进行深入的表征。尽管已经开发出单细胞基因表达分析技术，但其在细胞亚型表征方面尚未实现。因此，本研究提出了一种名为单细胞空间增强分辨率组学测序（single cell stereo-seq，scStereo-seq）的方法，能够显示拟南芥叶片真实的单细胞空间转录组图谱。本研究成功地区分了上表皮细胞和下表皮细胞之间微妙但显著的转录组差异。此外，本研究发现了从主脉到叶边缘的细胞类型特异性基因表达梯度，从而找到了血管细胞和保卫细胞的不同空间发育轨迹。本研究展示了单个细胞的物理位置对于植物实现复杂生物功能的重要性，并证明 scStereo-seq 是一种强大的工具，可以将单细胞位置和转录组信息整合到植物生物学研究中（图 3-8）。

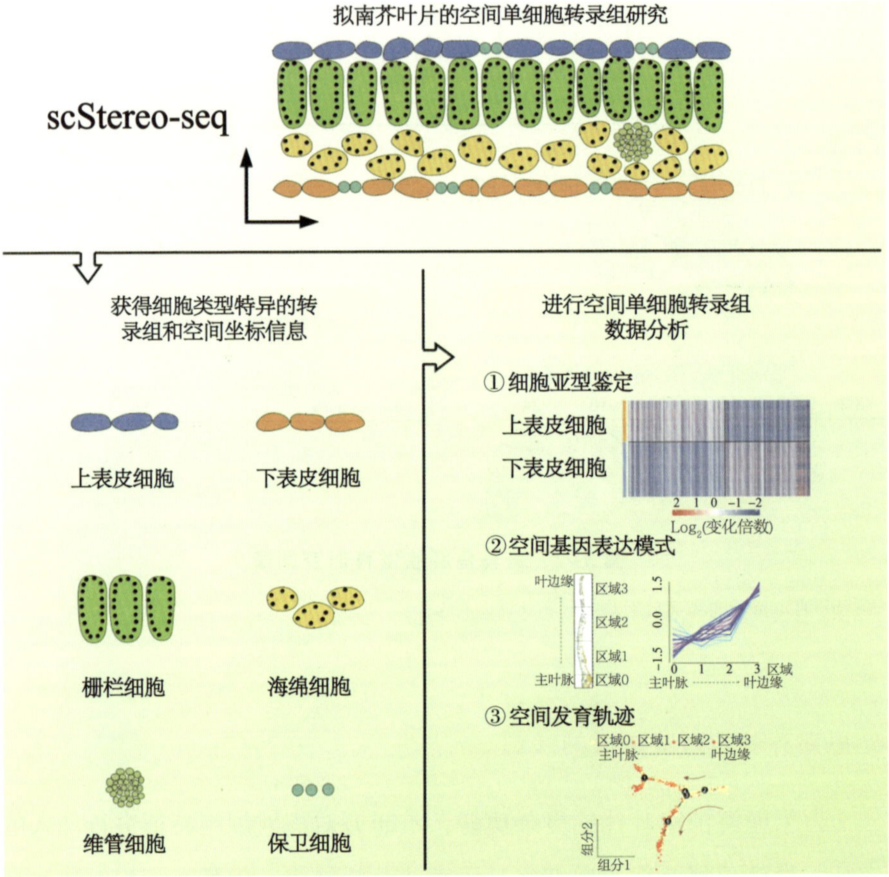

图 3-8　拟南芥叶片的空间单细胞转录组图谱

7. 发起并成立了时空组学国际联盟（SpatioTemporal Omics Consortium，STOC）

为了推动时空组学领域的整体进展，本项目组发起并成立时空组学国际联盟，旨在发展时空组学技术，推动时空组学在生命科学和临床医学各个领域的应用，绘制人类时空组学图谱，目前已有来自30个国家、300余个国际知名的团队加入。

总结

本研究创新性地将DNB测序芯片与细胞组学相结合，将带有纳米级排布的DNB测序芯片改造为空间转录组捕获芯片，开发了纳米级分辨率、厘米级大视野、可进行空间分割单细胞的空间转录组技术，各项参数远超现有的空间转录组技术捕获载体。

利用空间组学技术，本研究首次绘制了蝾螈端脑损伤再生和发育单细胞分辨率的时空转录组图谱，探究创伤修复、组织再生及细胞分化机制，并发现与损伤再生密切相关的神经干细胞类型（reaEGC）。利用空间组学技术，本研究构建了小鼠胚胎发育器官发生时期的空间基因表达图谱，描绘了小鼠胚胎器官发生时期空间单细胞分辨的基因表达变化，产出的高质量胚胎发育全景图谱对后续哺乳动物胚胎发育和疾病发生机制研究提供了强大的数据支持。该图谱是一个巨大的宝藏，提供了小鼠胚胎在器官发生过程中空间上基因表达的动态变化，可以用于各种研究前基于数据的初步探索，可以作为发育疾病研究的对照样本，开源的数据可以让更多的科研爱好者发现其中的未知。

利用空间组学技术，本研究分析了发育过程中果蝇转录组的时空变化，证明了空间组学数据可用于果蝇晚期胚胎和幼虫的空间转录组3D重建。通过进一步分析，本研究确定了果蝇晚期胚胎和幼虫中肠的功能亚区，揭示了幼虫精巢的时空细胞状态动力学变化，并揭示了转录因子在空间中已知的和潜在的调控机制。这些研究和发现提供了全面详实的数据和信息资源，为深入和系统地进行果蝇发育生物学研究奠定了基础。

利用空间组学技术，本研究对不同时间点的斑马鱼胚胎进行了空间区域的划分，区分出不同组织边界，同时通过进一步的细致分群，在空间位置上区分出空间位置临近的不同细胞亚群和组织，将为进一步了解脊椎动物胚胎发育提供了理论参考。

利用空间组学技术，本研究建立了适用于植物研究的单细胞空间组学，成功地揭示了拟南芥叶片复杂的细胞特性和时空基因表达特性，并对不同叶片细胞的空间表达差异和空间发育轨迹进行了进一步的探究，使大家更加深入地了解了不同叶片细胞在植物生长发育过程中所扮演的功能角色。

上述研究表明了空间组学技术在发育和再生研究中具有重大作用。此外，空间组学技术还可以被应用于癌症等疾病的病理学研究、大脑空间图谱构建等脑科学研究等，相信未来随着空间组学技术的快速发展，会在更多领域发挥重大作用。

发展前景与展望

空间组学是一种新兴的生物技术，它结合了空间信息和组学数据，以全面了解生物体细胞和组织内的分子和结构组织。这一技术领域在未来有着广泛的应用前景，将对生活和社会发展产生深远影响。空间组学技术可以提高人们对疾病的了解，特别是疾病发生和发展过程中细胞和组织的空间分布。这将有助于发现新的生物标志物和药物靶点，推动个性化医疗的发展。空间组学有助于更好地理解药物在细胞和组织内的作用和分布，从而加速新药的研发过程，提高药物治疗的准确性和有效性。空间组学技术可以揭示植物和微生物在不同环境下的组织结构和功能，为优化作物品种、提高抗逆性和增产提供依据。

近年来，空间组学技术取得了重要突破，如空间转录组测序、空间基因表达测定等，实现了对单细胞分子和空间信息的高通量、高分辨率分析。除了空间转录组学，科研人员还在探索空间蛋白质组学和空间代谢组学技术，以获取更全面的生物学信息。

目前，空间组学技术还处于发展初期阶段，仍然有若干关键问题需要解决。尽管空间组学技术取得了显著进展，但仍然存在分辨率、灵敏度和复杂性等方面的技术挑战，需要进一步突破。空间组学数据量大且复杂，因此在数据处理、分析和可视化方面需要开发新的算法和软件工具。此外，跨组学数据的整合分析也是一个关键挑战，需要发展更高效的计算方法。空间组学技术的实验操作和数据分析需要进一步标准化，以确保研究结果的可重复性和可比性。此外，建立共享数据库和资源库，以便科研人员相互交流和比较数据，也是一个重要发展方向。未来空间组学技术需要发展多尺度、多模态的分析方法，以揭示不同层次的生物学信息，从基因、蛋白质到细胞、组织等。此外，发展多模态成像技术，将组学数据与结构信息相结合，将有助于更全面地理解生物过程。空间组学技术的产业化应用仍然面临挑战，如高昂的设备成本、复杂的技术操作和数据分析等，需要在技术成熟度、易用性和经济性方面取得突破。

总之，空间组学技术在未来具有巨大的应用潜力和发展前景。通过解决技术瓶颈和关键挑战，空间组学技术将为生物医学、农业和环境科学等领域带来革命性的变革，并推动社会和经济的持续发展。

参考文献

[1] Wei X, Fu S, Li H, et al. Single-cell Stereo-seq reveals induced progenitor cells involved in axolotl brain regeneration [J]. Science, 2022, 377 (6610): eabp9444.

[2] Wang M, Hu Q, Lv T, et al. High-resolution 3D spatiotemporal transcriptomic maps of developing Drosophila embryos and larvae [J]. Developmental Cell, 2022, 57 (10): 1271−1283.

[3] Liu C, Li R, Li Y, et al. Spatiotemporal mapping of gene expression landscapes and developmental trajectories during zebrafish embryogenesis [J]. Developmental Cell, 2022, 57 (10): 1284−1298.

[4] Chen A, Liao S, Cheng M, et al. Spatiotemporal transcriptomic atlas of mouse organogenesis using DNA nanoball-patterned arrays [J]. Cell, 2022, 185 (10): 1777−1792.

[5] Xia K, Sun H X, Li J, et al. The single-cell stereo-seq reveals region-specific cell subtypes and transcriptome profiling in Arabidopsis leaves [J]. Developmental Cell, 2022, 57 (10): 1299−1310.

04 二甲双胍靶点的发现及其延缓衰老的机制阐明

马　腾　林圣彩

引　言

“日入酉，但愿父母得长寿”（白居易，《十二时行孝文》）。古往今来，健康长寿都是人们朴素而执着的追求，贩夫走卒如此，帝王将相也如此。秦始皇嬴政遣徐福寻长生之药，汉武帝刘彻遣栾大找长寿之药，唐太宗李世民遣娑婆寐炼延年之药……然而，这些千古风流人物，终究也只凭空感慨“哀吾生之须臾，羡长江之无穷”。

随着社会的发展和科技的进步，人类的健康水平越来越高，平均寿命也越来越长，但人们并不满足于目前数十载的青春和生命。大自然中孕育着无穷的宝藏，是否真的有“长生不老药”可以对抗衰老？如果有，它是怎么对抗衰老的呢？

研究背景

衰老，是包括人类在内的所有生物都无法摆脱的现实，我们宽泛地将其定义为生物体随时间变化而发生的功能衰退[1]。生物体在衰老过程中，生理完整性逐渐丧失，这会导致机体功能紊乱，死亡概率上升。衰老是人类病理生理学中引发各类疾病的主要危险因素之一，其和癌症、糖尿病、心血管疾病和神经退行性疾病等疾病的发生发展息息相关[2]。

根据世界卫生组织（World Health Organization，WHO）统计，全世界人口中 60 岁及以上的人数和比例逐年增加。截至 2019 年，全球 60 岁及以上的老龄人口为 10 亿。根据预测，到 2030 年，这一数字将增加到 14 亿；到 2050 年，这一数字将增加到 21 亿。人口老龄化正在以前所未有的速度加快，并将在未来几十年继续加速，而这一现象在包括中国在内的发展中国家尤其明显。人口老龄化会带来严重的生产生活压力，不利于经济文化建设和可持续发展，衰老正在成为整个人类社会未来发展的重大问题。

“一生复能几，倏如流电惊。”死亡是人生旅程无法避免的终点。然而，人们从不甘心被命运束缚，长期以来一直在寻找对抗衰老的方法。事实上，衰老已被证明可以通过多种方式延缓。目前，科学家已发现生物体在衰老过程中会发生以下 12 个变化：基因组不稳定、端粒磨损、表观遗传改变、蛋白质稳态紊乱、巨自噬功能失活、营养感应失调、线粒体功能障碍、细胞衰老、干细胞耗竭、细胞间通信变化、慢性炎症和肠道菌群失调[3]。通过干预以上衰老过程，我们可以减缓机体衰老的表型，从而减轻与年龄相关的功能衰退。例如，在动物模型中，这些干预措施还可以延缓许多衰老相关慢性疾病的发生，包括癌症、心血管疾病和神经退行性疾病等[4]。

上述延缓衰老的方式看上去很复杂，但其实它们之间有着不少共同的特征，其中之一就是要预防机体营养过剩。例如，防止过量的糖、脂肪和氨基酸的摄取，防止肥胖甚至2型糖尿病，等等，我们称之为适当地抑制合成代谢。同时，加强锻炼和运动，或者说增强分解代谢，就能保持年轻。反过来想，这也是为什么当下人们的营养水平越来越好，衰老及其相关疾病却越来越多，尤其是糖尿病，更容易引发衰老相关的并发症。

综上，我们能够看出改变生活方式、维持机体代谢的平衡，是延缓衰老的关键。然而，只从生活方式出发收益有限，比如目前所知的、最有效力的抗衰老方法——能量限制（如每天少吃一餐的量），需要20年左右，才能够达到延缓衰老的效果，而这对于绝大部分人而言，是难以坚持的。所以，从导致衰老的内在原因或者说机制的角度出发，去寻找更简单、更温和的延缓衰老办法，找到那些身体内关键的调节衰老因子并加以调控，就成为当下解决衰老问题的关键点和突破口[2]。在这一思路下，近年来，科学家发现了数个能够系统调节衰老的重要蛋白质，而这其中，腺苷一磷酸活化蛋白激酶（adenosine monophosphate activated protein kinase，AMPK）和哺乳动物雷帕霉素靶蛋白复合物1（mammalian target of rapamycin complex 1，mTORC1）等调控并维持代谢平衡的关键蛋白复合体，在抗衰老过程中起重要作用[5]。目前科学家发现，促进AMPK的活力、抑制mTORC1的活力，就能够模拟运动、能量限制所带来的营养状态改变，逆转前文提到的所有12个衰老特征。同样，科学家也发现运动、能量限制等生活方式能够激活AMPK、抑制mTORC1，进一步行使上述延缓衰老的功能。因此，如果能够通过更为温和、方便的方式（如吃药）来激活 AMPK、抑制 mTORC1，将有重大的社会意义。同时，由于其中巨大的商业潜力，近些年来大量的商业公司涉足衰老领域，有数十家公司正在研发针对 AMPK 和 mTORC1 的药物[6]。在这些药物中，二甲双胍是最有潜力的[7]。

二甲双胍很早被发现与改变营养状态和代谢模式有关，还要从它作为治疗糖尿病的药物说起。二甲双胍治疗 2 型糖尿病的历史相当悠久，最早要追溯到 17 世纪。1653 年，尼古拉斯·卡尔佩珀（Nicholas Culpeper）在《卡尔佩珀氏草药书》（*Culpeper's Complete Herbal*）中首次记载法国山羊豆（*Galega officinalis*）可以治疗蠕虫感染、癫痫、发热和瘟疫；1772 年，约翰·希尔（John Hill）推荐医生使用山羊豆来治疗口渴和尿频（糖尿病的症状）[8]。1918 年，科学家在动物实验中发现，山羊豆之所以能降血糖，主要是因为山羊豆中含有大量的胍类化合物，然而由于这些胍类化合物的副作用太大，无法用于临床[9]。1922 年，维尔纳（Werner）和贝尔（Bell）首次合成了二甲双胍（图 4-1）[10]。1929 年，科学家报道二甲双胍可降低动物（兔子和狗）的血糖水平，并证明了双胍比单胍毒性更低，从而找到了毒性最小的二甲双胍[8]。然而，当时科学家选用的动物模型并非糖尿病动物，在这些动物模型中需要偏高的药物剂量才能达到适度的降糖效果（与后续糖尿病模型中的剂量相比）。于是，二甲双胍治疗糖尿病的潜力在当时并未引起学界的重视。

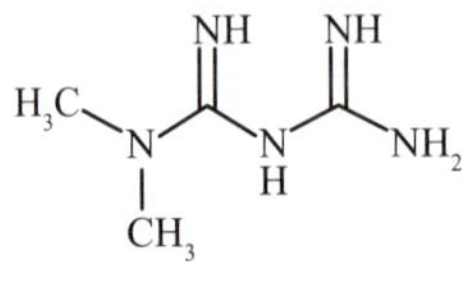

图 4-1　二甲双胍的结构式

法国医生珍·斯特恩（Jean Sterne）是二甲双胍领域的里程碑式人物，他首次将二甲双胍的降血糖潜力转化成治疗现实。1956 年，斯特恩医生尝试将二甲双胍用于糖尿病的治疗，他发现二甲双胍对 2

型糖尿病患者的疗效显著。他还注意到二甲双胍没有造成明显的低血糖（副作用），并且对非糖尿病患者的影响很小或没有影响[8]。

二甲双胍分别于1958年在英国、1972年在加拿大、1994年在美国上市，斯特恩医生建议以商品名“格华止”（Glucophage，直译为葡萄糖吞噬者）上市售卖二甲双胍。自此，二甲双胍开始在糖尿病治疗的舞台上崭露头角[11]。随后，学者们对二甲双胍的研究兴趣也日益增加，开展了众多相关探索。药代动力学、药效学、临床疗效和细胞机制等方面的研究表明，二甲双胍是一种从各方面表现都极其出色的临床药物。

二甲双胍具有降糖作用和其他潜在非降糖作用良好、费效比优越、药物可及性良好、临床用药经验丰富等优点，且不增加低血糖风险。目前，二甲双胍是2型糖尿病的一线降糖药物，属于世界卫生组织列出的基本药物之一，包括中国在内的多个国家将其纳入治疗2型糖尿病指南[12]。事实上，二甲双胍治疗是全球处方最多、使用最广泛的降糖疗法。也正是在此基础上，科学家们对二甲双胍的药理机制充满了好奇，有些学者认为二甲双胍的部分功效是通过激活AMPK来发挥的。

那么，AMPK在机体内究竟有什么作用呢？研究表明，腺苷三磷酸（adenosine triphosphate，ATP）是绝大部分细胞和有机体中最重要的能量载体，ATP水解成腺苷二磷酸（adenosine diphosphate，ADP）所释放出的能量为生命绝大多数活动提供能量；当细胞内能量进一步缺乏时，ADP可进一步转变为腺苷一磷酸（adenosine monophosphate，AMP），为细胞提供更多的能量；而当细胞内能量充足时，细胞又可将AMP和ADP重新转化成ATP，从而将能量存储起来。大部分真核细胞中的ATP浓度始终维持在一个非常稳定的水平，且其内部进化出了一种奇妙的通过感知细胞内能量水平来调节自身代谢活动，从而维持代谢平衡的机制。在这其中，AMPK 扮演了重要角色，其能够感应这 3 种腺苷酸，从而主导代谢平衡。

AMPK 最早由苏格兰邓迪大学的格雷厄姆·哈迪（Grahame Hardie）教授从大鼠的肝脏匀浆中分离出来，并根据该蛋白复合体能被 AMP 激活的特性将其命名为 AMPK（AMP-activated protein kinase）[13]。在高等真核生物中，AMPK 可以通过结合不同的腺苷酸来感知细胞内的能量水平。当细胞内能量水平改变的时候，最直观的表现就是 AMP/ATP 或 ADP/ATP 的比值变化，而 AMPK 的活力也会因此改变。AMPK 一旦被激活，便会调节多条代谢通路并引起一系列的生理变化：①促进脂肪细胞中甘油三酯的水解[14]；②促进肝脏摄取脂肪酸、肝脏脂肪酸氧化[15]；③抑制肝脏中脂肪酸、胆固醇和甘油三酯的合成[16, 17]；④促进肌肉摄取葡萄糖、肌肉脂肪酸氧化[18]；⑤抑制胰岛 β 细胞分泌胰岛素[19]；⑥抑制蛋白质合成[20]；⑦促进自噬作用[21]；⑧促进酮体生成[22]，等等。

总体来说，AMPK 通过抑制合成代谢来减少能量消耗，通过促进分解代谢来增加能量产出，稳定体内能量水平，维持能量稳态。早在 2001 年，就有学者报道二甲双胍可以激活大鼠肝脏 AMPK[23]。二甲双胍激活肝脏 AMPK 可以有效调节肝脏脂肪代谢，缓解脂肪肝，从而改善肝脏胰岛素敏感性，从而达到治疗 2 型糖尿病的效果[24]。胰高血糖素样肽 1（glucagon like peptide 1，GLP1）是一种重要的肠源激素，可以在餐后迅速分泌并促进胰岛素分泌，降低血糖。研究发现，二甲双胍还可以通过激活肠道 AMPK，促进更多 GLP1 释放至血液中，进而更好地维持血糖稳定[25]。

看到这里，结合衰老和合成、分解代谢之间的联系，我们不难想到 AMPK 的激活是和延缓衰老密切相关的。的确，在后续的研究中，人们惊喜地发现二甲双胍除改善血糖以外，还对生命健康有一些别的益处，一些学者尝试在模式动物和人类体内用二甲双胍来延缓衰老[7, 26]。2010 年，有学者报道二甲双胍可以通过激活 AMPK 来延长秀丽隐杆线虫的寿命并延缓其衰老[27]。2013 年，有学者发现二甲双胍还可以通过激活 AMPK 来延长小鼠的寿命并延缓其衰老[28]。当然，也有研究表明二甲双胍并不能延长果蝇[29]和大鼠[30]的寿命。不过以此可见，学界内对于二甲双胍是否促进健康长寿的问题依然存在强烈的探索兴趣。

至于我们人类自身，目前还没有明确的报道表明二甲双胍能够延长人类寿命，但是在人类中征募志愿者并进行探索的一些相关试验正在进行中。二甲双胍长寿试验（metformin in longevity study，MILES）首次报道了二甲双胍可以调节人类肌肉和脂肪组织中一些衰老相关基因的表达[31]。而二甲双胍衰老试验（targeting aging with metformin，TAME）则还在筹备之中，科学家计划在美国招募 3000 名 65 ～ 79 岁的受试者，以研究二甲双胍在人群中的抗衰老能力[7]。

二甲双胍的光芒惹人注目，其合成历史已超百年。但可惜的是，人们只知道二甲双胍可以通过激活 AMPK 来发挥其部分疗效，但二甲双胍激活 AMPK 的具体分子靶点一直没有明确，这极大地限制了大众对二甲双胍的理解和应用。“致知在格物，物格而后知至”，我们并不知道二甲双胍的神奇效果因何而起，由哪些分子介导，当然也就没办法借助这些原理，设计相应策略来更好地行使这些功能。换句话说，我们只知其然，不知其所以然。

研究目标

科学家开展科学研究的初衷往往很单纯：一是人类本能的好奇，想要探索万事万物运行的客观规律；二是对于人类苦难的不忍，希望运用这些客观规律为人类谋取福利。本研究的目标也是如此：第一，想解析临床剂量二甲双胍激活 AMPK 的分子机制；第二，想根据该分子机制开发可以解决包括衰老在内临床问题的新药。

解析临床剂量二甲双胍激活 AMPK 的分子机制可以深入揭示二甲双胍发挥临床药效的作用原理，加深人们对这些过程的认识。这可以为开发二甲双胍类似药物提供理论依据和分子靶标，为治疗包括衰老在内的临床疾病作出贡献。

研究内容

本研究的主要内容可以划分为三点：一是找到临床剂量二甲双胍发挥功能时的直接作用靶点，二是解析临床剂量的二甲双胍激活 AMPK 的具体分子机制，三是根据该机制开发可以解决包括衰老在内的临床问题的新药。

长久以来，众多研究结果都支持二甲双胍大多临床疗效依赖于其对 AMPK 的激活，但其激活 AMPK 的具体机制却饱受争议。本研究寻找二甲双胍的直接作用靶点，以期从分子角度勾画出二甲双胍发挥功能的路径图，揭示二甲双胍降低血糖、减少肝脏脂肪积累、延长线虫寿命等功效的原理，并根据该分子机制开发二甲双胍类似药品。

这些研究成果于 2022 年 3 月在《自然》(*Nature*) 杂志发表研究论文 1 篇，于 2022 年 10 月在《自然代谢》(*Nature Metabolism*) 杂志发表研究论文 1 篇。

研究成果

1. 二甲双胍通过 PEN2 激活 AMPK

对于二甲双胍来说，剂量一直是阻碍我们解析其机制的主要因素。很多基础研究使用的二甲双胍剂量和临床二甲双胍剂量相差甚远，也有诸多事实证明在这种情况下解析出的二甲双胍作用机制就很难再应用于临床。本研究通过检测人类志愿者服用二甲双胍后的血清二甲双胍浓度（图 4-2），结合多方面指标，构建了临床剂量二甲双胍的多种动物模型和细胞模型，这为展开接下来的研究奠定了良好的基础。

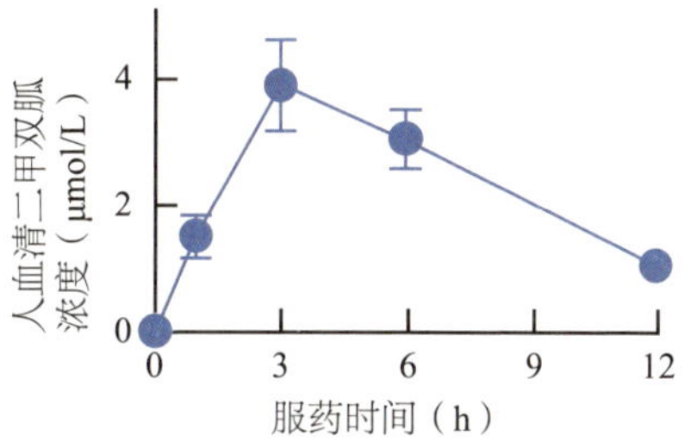

图 4-2 服用二甲双胍后，人体血清二甲双胍的浓度变化曲线

注：人类受试者服用盐酸二甲双胍缓释片 0.5 g 后，于给定时间采集血清样本检测血清二甲双胍浓度。

本研究发现，当用临床剂量二甲双胍处理小鼠原代肝细胞（可理解为“从小鼠肝脏中直接取出的新鲜细胞”）时，肝细胞中的 AMPK α 亚基和 AMPK 下游底物乙酰辅酶 A 羧化酶（acetyl-CoA carboxylase，ACC）的磷酸化水平会上升，这表明临床剂量的二甲双胍可以激活 AMPK（图 4-3）。如前文所述，二甲双胍众多神奇药效中有很大一部分药效依赖于对 AMPK 的激活，但临床剂量二甲双胍激活 AMPK 的机制还不是很清晰，尤其是二甲双胍直接作用的靶标蛋白，一直尚未被揭晓。本研究的目的便是寻找临床剂量二甲双胍激活 AMPK 的直接

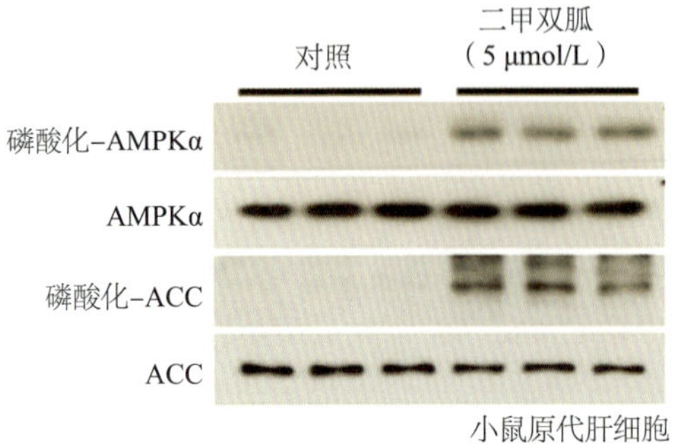

图 4-3　二甲双胍处理小鼠原代肝细胞后，AMPKα 和 ACC 的磷酸化水平变化情况

注：用 5 μmol/L 二甲双胍处理小鼠原代肝细胞 2 h（临床剂量），然后通过免疫印迹法检测 AMPK 的激活。

靶标蛋白，并解析相关机制，为人们更好地理解和利用二甲双胍奠定基础。

溶酶体是真核细胞中的一种细胞器，其发挥生物功能需要内部环境处于酸性条件。通过实验，本研究发现临床剂量二甲双胍可以抑制溶酶体的酸化过程，这提示二甲双胍的直接靶标蛋白很有可能位于溶酶体上。于是，本研究合成了二甲双胍探针，同时从小鼠胚胎成纤维细胞中提取溶酶体，将两者孵育，待探针和蛋白结合完成后，再利用可以拉到探针的特异性生物素凝珠把它们一起纯化出来，利用质谱仪一一进行分析（图 4-4）。这个过程有点类似于“钓鱼”，二甲双胍探针就是“鱼饵”，溶酶体蛋白就是“鱼塘”，和探针一起被纯化出来的蛋白就是我们想要的“鱼”。

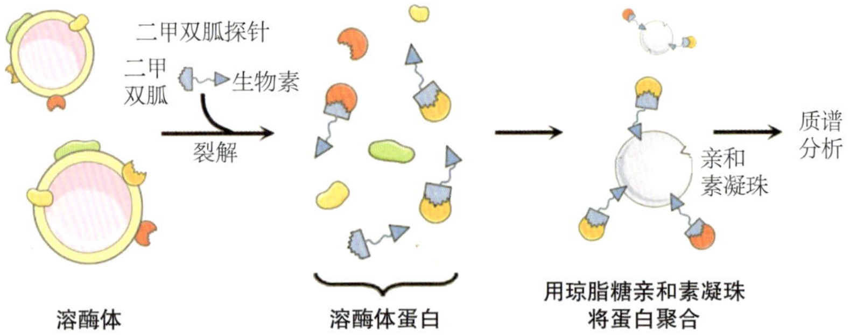

图 4-4　二甲双胍探针工作原理示意图

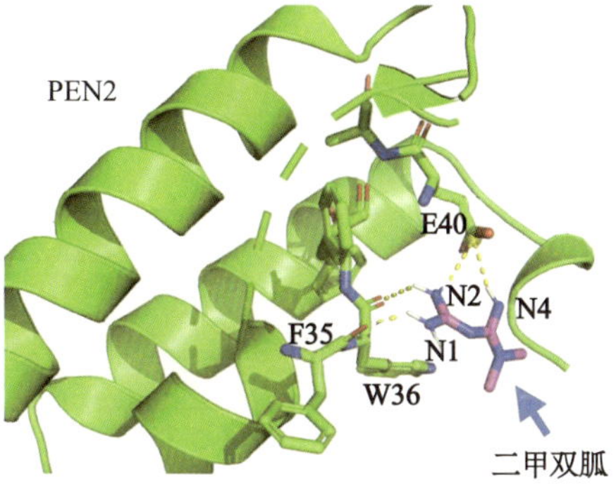

图 4-5 PEN2 与二甲双胍相互作用示意图

注：本图为二甲双胍与 PEN2 结合的计算机模拟图形；F35 表示 PEN2 的第 35 号氨基酸苯丙氨酸，W36 为第 36 号氨基酸色氨酸，E40 为第 40 号氨基酸谷氨酸；N1、N2 和 N4 表示的是二甲双胍上的氮元素。

经历了耐心的“垂钓”之后，本研究找到了很多潜在和二甲双胍直接结合的蛋白，其中包括一个名为早老蛋白增强子 2（presenilin enhancer 2，PEN2）的蛋白。通过计算机模拟，本研究发现二甲双胍可以和 PEN2 直接相互作用（图 4-5）。在后续的生物学验证中，本团队发现二甲双胍可以直接结合 PEN2，并且由 PEN2 介导临床剂量二甲双胍激活 AMPK。PEN2 最早被鉴定为 γ - 分泌酶的一个亚基。γ - 分泌酶在之前的研究中被认为和阿尔茨海默病的发生发展有重要关系。与 PEN2 不同，γ - 分泌酶的其他亚基并不直接参与临床剂量二甲双胍对 AMPK 的激活。所以，本研究发现的 PEN2 介导临床剂量二甲双胍激活 AMPK 是 PEN2 之前未被报道过的新功能。这个结果再一次表明，同一种蛋白质在不同的生命过程中可以扮演不同角色，发挥不同功能。

为了能让本研究的发现能更好地造福于人类，在分子和细胞水平寻找到临床剂量二甲双胍激活 AMPK 的机制后，本研究进一步在模式动物中验证了解析的分子机制，检测 PEN2 能否介导二甲双胍发挥生物学功能。二甲双胍可以通过激活肠道中的 AMPK 来上调小鼠血浆中的 GLP1 水平，从而降低小鼠血糖。本研究发现在肠道特异性敲除 *PEN2* 后，临床剂量二甲双胍无法上调高脂饮食诱导的小鼠血浆 GLP1 水平，同时临床剂量二甲双胍也无法有效降低肠道特异性敲除 *PEN2* 小鼠的血糖（图 4-6）。

二甲双胍可以通过激活肝脏中的 AMPK 来下调小鼠肝脏中甘油三酯

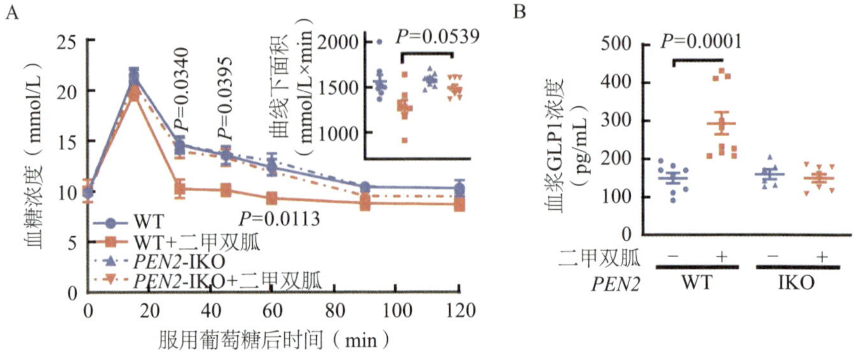

图 4-6　*PEN2*-IKO 小鼠经二甲双胍处理后的口服葡萄糖耐量水平（A）和血浆 GLP1 水平（B）

注：用含有 1 g/L 二甲双胍的饮水（临床剂量）处理经高脂饲料饲喂 1 周后的野生型（wild type，WT）或肠道特异性敲除 *PEN2*（intestine specific knockout *PEN2*，*PEN2*-IKO）的小鼠 1 周，检测其口服葡萄糖耐量水平和葡萄糖灌胃 15 分钟后小鼠血浆 GLP1 水平。

水平，从而增强小鼠肝脏的胰岛素敏感性，进而有效降低小鼠餐后血糖，缓解肥胖小鼠的脂肪肝症状。本研究发现在肝脏特异性敲除 *PEN2* 后，临床剂量二甲双胍无法降低高脂饮食诱导的肥胖小鼠肝脏中甘油三酯水平，同时临床剂量二甲双胍也无法有效降低该小鼠的血糖（图 4-7）。

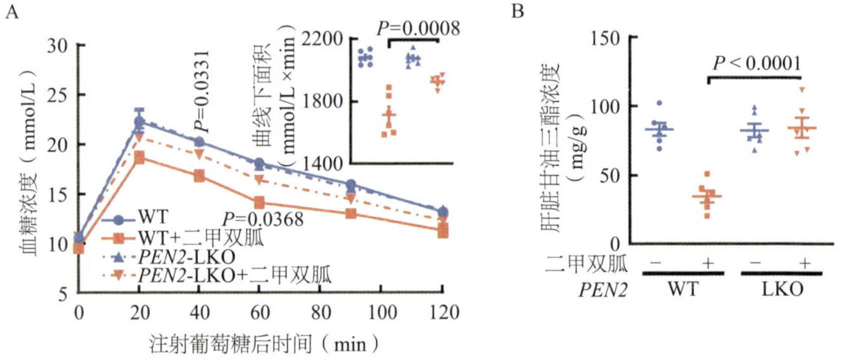

图 4-7　*PEN2*-LKO 小鼠经二甲双胍处理后的腹腔注射葡萄糖耐量水平（A）和肝脏甘油三酯水平（B）

注：用含有 1 g/L 二甲双胍的饮水处理 WT 或肝脏特异性敲除 *PEN2*（*PEN2* liver-specific knockout，*PEN2*-LKO）的肥胖小鼠 16 周，检测其腹腔注射葡萄糖耐量水平和小鼠肝脏甘油三酯水平。

二甲双胍可以通过激活秀丽隐杆线虫体内的 AMPK 来延长其寿命。本研究发现敲低秀丽隐杆线虫体内的 *PEN2* 后，临床剂量二甲双胍就不再能延长秀丽隐杆线虫的寿命了（图 4-8）。

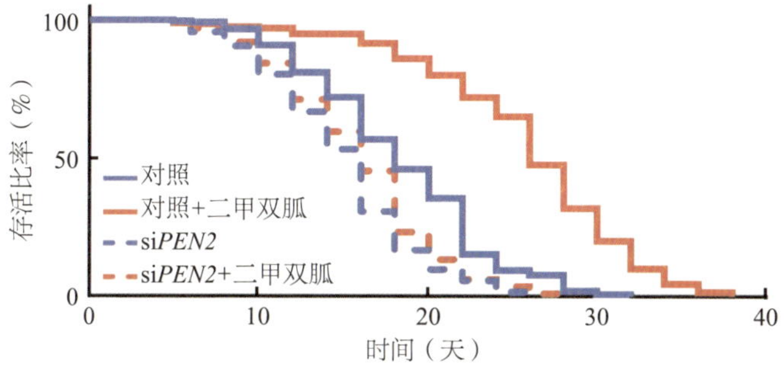

图 4-8 二甲双胍对 si*PEN2* 的秀丽隐杆线虫寿命的影响

注：用 50 mmol/L 二甲双胍（临床剂量）处理对照或敲低 *PEN2*（small interfering PEN2，si*PEN2*）的秀丽隐杆线虫，检测其寿命。

总之，临床剂量二甲双胍通过 PEN2 激活 AMPK，而且二甲双胍降低血糖、减少肝脏脂肪积累和延长寿命这 3 个主要的生物学益处，都需要 PEN2 介导激活 AMPK 才能实现。

2. 辟谷精通过激活 AMPK 发挥功能

AMPK 在代谢稳态调控过程中扮演重要角色。总体来说，它在机体面临营养和能量匮乏时被激活，其激活后会抑制合成代谢以减少能量消耗，促进分解代谢以增加能量产出，从而恢复机体能量平衡。在之前的研究中，本团队发现低葡萄糖水平可以通过醛缩酶（aldolase）激活 AMPK[32]（图 4-9）。

在解析了这条分子机制后，本研究针对该机制中醛缩酶这个葡萄糖感受器，从庞大的药物库中筛选到了“辟谷精”这个醛缩酶的抑制

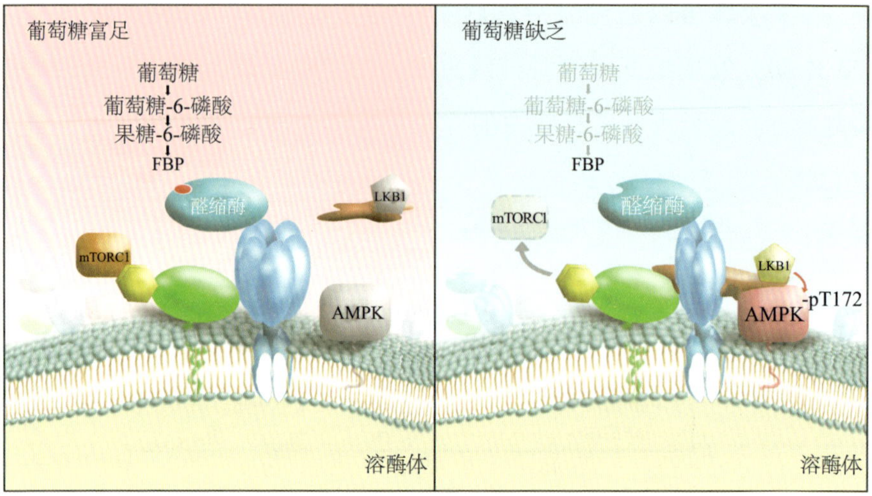

图 4–9　细胞感知葡萄糖水平的机制示意图

注：FBP 表示果糖 -1，6- 二磷酸（fructose-1，6-bisphosphate），LKB1 表示肝脏激酶 B1（liver kinase B1），pT172 表示磷酸化的第 172 号苏氨酸（phosphorylated 172 threonine）。

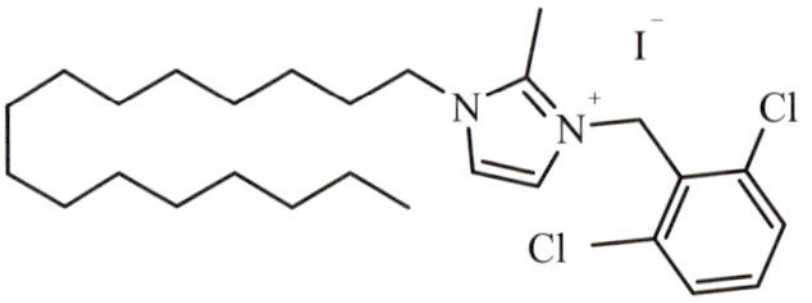

图 4–10　辟谷精的结构式

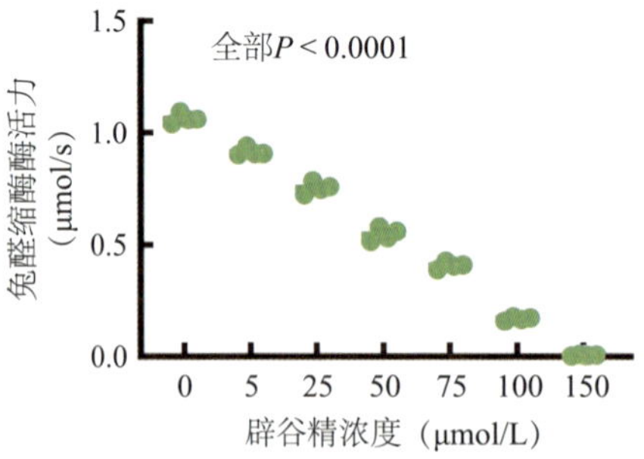

图 4–11　辟谷精对兔醛缩酶活力的影响

剂（图 4–10）。本研究通过多种分子生物学的手段验证了该抑制剂可以通过抑制 FBP 与醛缩酶的结合，来下调醛缩酶的活力（图 4–11），模拟低葡萄糖水平刺激，进而激活 AMPK。

本研究不仅在分子和细胞水平上验证了辟谷精对 AMPK 的激活效果，也在小鼠、大鼠以及秀丽隐杆线虫等模式动物中检测了辟谷精通过 AMPK 行使的生理功能。研究发现，在高脂饮食诱导的肥胖小鼠中，辟谷精能够显著地减轻小鼠体重、降低体脂率（图 4-12）和血糖水平（图 4-13）。

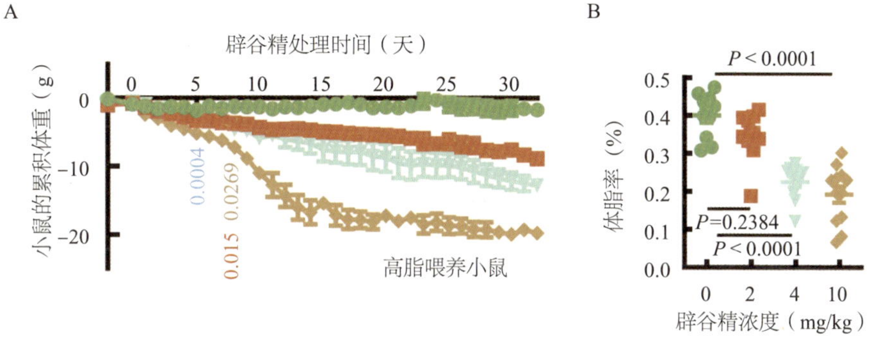

图 4-12 小鼠经辟谷精处理后的累积体重（A）和体脂率（B）

注：用给定剂量的辟谷精处理高脂喂养小鼠 32 天，检测其累积体重（A）和体脂率（B）。

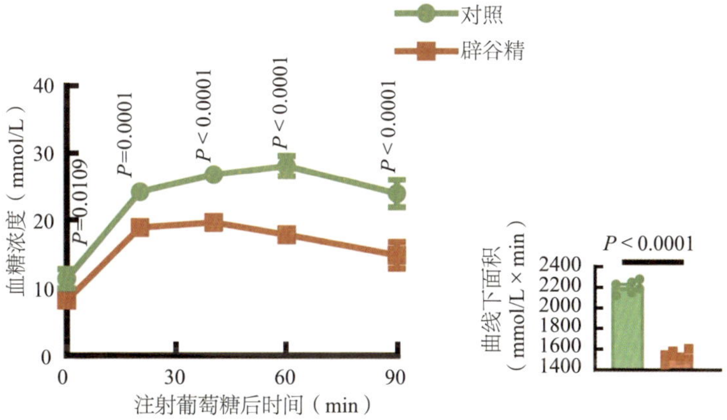

图 4-13 小鼠经辟谷精处理后的腹腔注射葡萄糖耐量水平

注：用 2 mg/kg 的辟谷精处理高脂喂养小鼠 32 天，检测其腹腔注射葡萄糖耐量水平。

为了进一步确定辟谷精在哺乳动物中的延寿作用，本研究花费了将近 5 年的时间，给小鼠长期饲喂辟谷精，长期跟踪这些小鼠的生理表征。研究发现辟谷精可以显著延长小鼠的寿命，而且辟谷精还能显著提高老年小鼠的肌肉力量和运动能力（图 4-14）。运动能力是判断

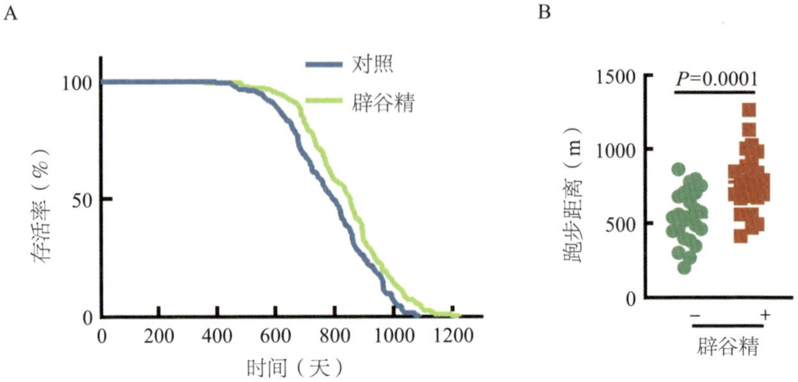

图 4-14　用含有 100 μg/L 辟谷精的饮水处理 54 周龄雄性小鼠的寿命（A）和处理 16 周后老年小鼠的跑步距离情况（B）

衰老的重要指标之一，饲喂辟谷精的老年小鼠运动能力的增强表明，辟谷精在延长了小鼠寿命的同时，也延缓了小鼠的衰老。

简而言之，本研究开发的辟谷精可以通过模拟饥饿和热量限制（辟谷、间歇性禁食）状态来激活 AMPK。辟谷精通过抑制 FBP 和醛缩酶结合，模拟了低葡萄糖水平刺激，激活了 AMPK。这种程度的 AMPK 激活属于轻度激活，所以辟谷精可以让我们在获得 AMPK 激活带来的好处的同时，规避了很多 AMPK 过度激活带来的风险。

总结

本研究确认了二甲双胍的直接作用靶点是 PEN2。临床剂量二甲双胍直接结合 PEN2，并在 PEN2 的介导下激活 AMPK[33]（图 4-15）。

通过细胞实验，本研究确认了临床剂量二甲双胍可以激活 AMPK，同时还把临床剂量二甲双胍的直接靶标蛋白锁定在了溶酶体上。利用亲和沉淀和蛋白质质谱技术，本研究最终“钓”出了二

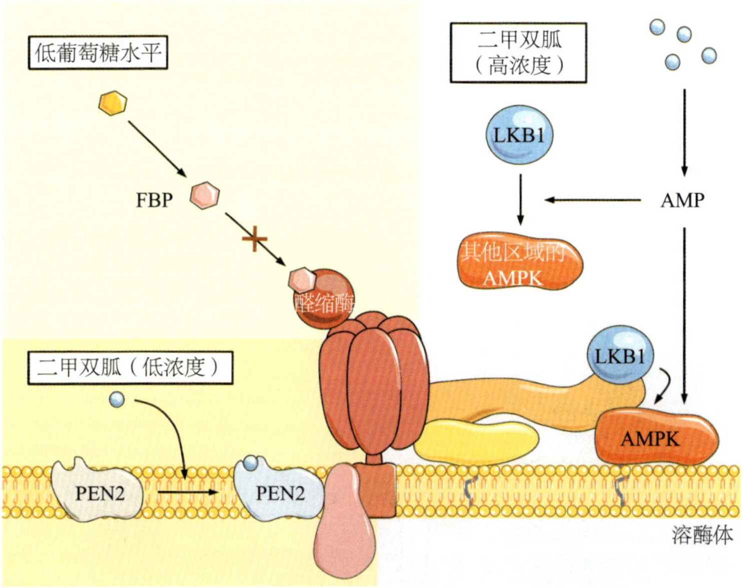

图 4-15 二甲双胍激活 AMPK 的机制示意图

甲双胍的直接靶标蛋白 PEN2；接着，又用计算机模拟技术和一系列的分子生物学技术，确定了临床剂量二甲双胍直接结合 PEN2，并由 PEN2 介导激活 AMPK。

在后续的实验动物模型验证中，本研究发现二甲双胍降低血糖、减少肝脏脂肪累积和延长寿命这 3 个主要有益作用的发挥，均需要 PEN2 介导 AMPK 的激活；临床剂量二甲双胍可以通过激活小鼠肠道中的 AMPK，促进肠道 GLP1 的分泌，从而降低小鼠血糖；可以通过激活小鼠肝脏中的 AMPK，减少肝脏脂肪累积，增强肝脏胰岛素敏感性，在减少小鼠肝脏脂肪累积的同时降低小鼠血糖；可以通过激活秀丽隐杆线虫体内的 AMPK，延长其寿命。

本研究基于临床剂量二甲双胍，解析了二甲双胍激活 AMPK 的机制。该机制可以更准确地反应临床上二甲双胍是如何发挥功能的。

这为大众更好地了解二甲双胍以及进一步利用二甲双胍，打下了坚实的基础。

本研究还开发了一种新的醛缩酶抑制剂——辟谷精。辟谷精通过阻止醛缩酶与 FBP 结合，来产生伪饥饿信号来激活 AMPK（图 4-16）。辟谷精通过醛缩酶特异性轻度激活 AMPK，AMPK 的这种轻度激活令辟谷精在拥有良好效果的同时，只有较弱的不良影响。

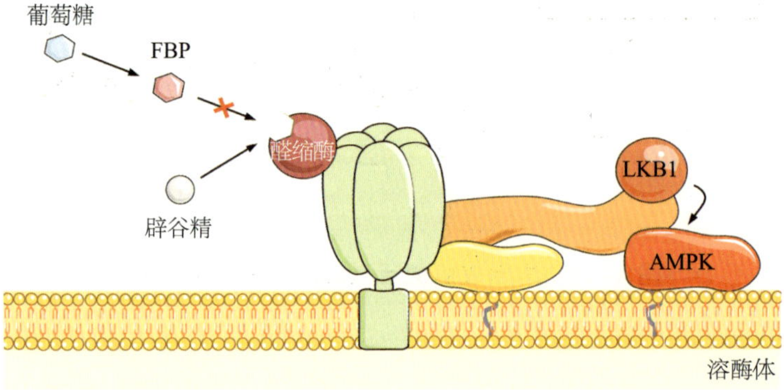

图 4-16 辟谷精激活 AMPK 的机制示意图

本研究发现辟谷精可以通过激活肌肉中的 AMPK，促进肌肉吸收葡萄糖，从而改善血糖稳态；可以通过激活肝脏中的 AMPK，促进肝脏中脂肪的分解，从而减轻脂肪肝和非酒精性肝炎。而且本团队还惊喜地发现，辟谷精还可以显著延长秀丽隐杆线虫和小鼠的寿命并延缓衰老。

对二甲双胍激活 AMPK 机制的解析回答了领域内悬而未决的疑问，是人类认识二甲双胍的巨大进展，既满足了人们的好奇心，也为科学家开发对抗包括衰老在内的众多疾病打下了坚实的基础。辟谷精的开发更是为人们治疗包括衰老在内的众多疾病提供了新的选择。希望在不久的将来，在某些疾病的治疗中，辟谷精能显现出自己独特的优势，最终为全人类的生命健康作出贡献。

发展前景与展望

二甲双胍因为其通道蛋白的组织特异性，通常只能在肠道、肝脏、肾脏等少数几个组织器官中富集，这使二甲双胍可能会有一定的临床局限性。和二甲双胍通道蛋白不同的是，PEN2 广泛存在于多种细胞和组织中，这为通过 PEN2 开发激活不同组织器官中 AMPK 的药物，提供了可能性。AMPK 在不同组织器官中的激活，会有一些独特的临床益处。例如，AMPK 在神经细胞中的激活可以缓解阿尔茨海默病的症状，在肌肉细胞中的激活可以促进肌肉组织恢复活力等。本研究解析的机制可以为开发激活不同组织器官中 AMPK 的新药，提供理论依据和分子靶点，从而解决一些临床问题，造福人类。

辟谷精的发现既是妙手偶得，也是水到渠成。本研究解析的机制为新药开发提供了众多靶点，在不断的尝试中找到了大自然隐藏的宝藏。在后续的实验中，本团队将会从临床的角度逐渐验证辟谷精独特的优势，令其最终适用于疾病治疗和日常保健，为人类延缓衰老、健康长寿作出贡献。

随着社会的发展，人口老龄化极速加剧，衰老及衰老相关疾病对全人类生命健康的威胁也将越来越重。本研究解析的机制和开发的新药辟谷精，将是保护人类生命健康的重要武器。

参考文献

[1] Lopez-Otin C，Blasco M A，Partridge L，et al. The hallmarks of aging [J]. Cell，2013，153 (6)：1194-1217.

[2] Partridge L，Deelen J，Slagboom P E. Facing up to the global challenges of ageing [J]. Nature，2018，561 (7721)：45-56.

[3] Lopez-Otin C, Blasco M A, Partridge L, et al. Hallmarks of aging: an expanding universe [J]. Cell, 2023, 186 (2): 243–278.

[4] Fontana L, Partridge L. Promoting health and longevity through diet: from model organisms to humans [J]. Cell, 2015, 161 (1): 106–118.

[5] Partridge L, Fuentealba M, Kennedy B K. The quest to slow ageing through drug discovery [J]. Nature Reviews Drug Discovery, 2020, 19 (8): 513–532.

[6] de Magalhaes J P, Stevens M, Thornton D. The business of anti-aging science [J]. Trends in Biotechnology, 2017, 35 (11): 1062–1073.

[7] Barzilai N, Crandall J P, Kritchevsky S B, et al. Metformin as a tool to target aging [J]. Cell Metabolism, 2016, 23 (6): 1060–1065.

[8] Bailey C J. Metformin: historical overview [J]. Diabetologia, 2017, 60 (9): 1566–1576.

[9] Watanabe C K. Studies in the metabolic changes induced by administration of guanidine bases. Ⅳ. The influence of the administration of calcium upon blood sugar content in rabbits with guanidine hypoglycemia [J]. Journal of Biological Chemistry, 1918, 34 (1): 73–76.

[10] Inzucchi S E, Bergenstal R M, Buse J B, et al. Management of hyperglycemia in type 2 diabetes, 2015: a patient-centered approach update to a position statement of the American diabetes association and the European association for the study of diabetes [J]. Diabetes Care, 2015, 38 (1): 140–149.

[11] Soukas A A, Hao H B, Wu L F. Metformin as anti-Aging therapy: is it for everyone? [J]. Trends in Endocrinology and Metabolism, 2019, 30 (10): 745–755.

[12] Garber A J, Abrahamson M J, Barzilay J I, et al. Consensus statement by the American association of clinical endocrinologists and American college of endocrinology on the comprehensive type 2 diabetes management algorithm-2017 executive summary [J]. Endocrine Practice, 2017, 23 (2): 207–238.

[13] Carling D, Clarke P R, Zammit V A, et al. Purification and characterization of the AMP-activated protein-kinase-copurification of acetyl-CoA carboxylase kinase and 3-hydroxy-3-methylglutaryl-CoA reductase kinase-activities [J]. European Journal of Biochemistry, 1989, 186 (1–2): 129–136.

[14] Gauthier M S, Miyoshi H, Souza S C, et al. AMP-activated protein kinase is

activated as a consequence of lipolysis in the adipocyte-potential mechanism and physiological relevance [J]. Journal of Biological Chemistry, 2008, 283 (24): 16514–16524.

[15] Savage D B, Choi C S, Samuel V T, et al. Reversal of diet-induced hepatic steatosis and hepatic insulin resistance by antisense oligonucleotide inhibitors of acetyl-CoA carboxylases 1 and 2 [J]. Journal of Clinical Investigation, 2006, 116 (3): 817–824.

[16] Smith B K, Marcinko K, Desjardins E M, et al. Treatment of nonalcoholic fatty liver disease: role of AMPK [J]. American Journal of Physiology-Endocrinology and Metabolism, 2016, 311 (4): E730–E740.

[17] Li Y, Xu S Q, Mihaylova M M, et al. AMPK phosphorylates and inhibits SREBP activity to attenuate hepatic steatosis and atherosclerosis in diet-induced insulin-resistant mice [J]. Cell Metabolism, 2011, 13 (4): 376–388.

[18] Merrill G F, Kurth E J, Hardie D G, et al. AICA riboside increases AMP-activated protein kinase, fatty acid oxidation, and glucose uptake in rat muscle [J]. American Journal of Physiology-Endocrinology and Metabolism, 1997, 273 (6): E1107–E1112.

[19] Salt I P, Johnson G, Ashcroft S J H, et al. AMP-activated protein kinase is activated by low glucose in cell lines derived from pancreatic beta cells, and may regulate insulin release [J]. Biochemical Journal, 1998, 335 (3): 533–539.

[20] Inoki K, Zhu T Q, Guan K L. TSC2 mediates cellular energy response to control cell growth and survival [J]. Cell, 2003, 115 (5): 577–590.

[21] Egan D F, Shackelford D B, Mihaylova M M, et al. Phosphorylation of ULK1 (hATG1) by AMP-activated protein kinase connects energy sensing to mitophagy [J]. Science, 2011, 331 (6016): 456–461.

[22] Winder W W, Hardie D G. AMP-activated protein kinase, a metabolic master switch: possible roles in type 2 diabetes [J]. American Journal of Physiology-Endocrinology and Metabolism, 1999, 277 (1): E1–E10.

[23] Zhou G C, Myers R, Li Y, et al. Role of AMP-activated protein kinase in mechanism of metformin action [J]. Journal of Clinical Investigation, 2001, 108 (8): 1167–1174.

[24] Fullerton M D, Galic S, Marcinko K, et al. Single phosphorylation sites in Acc1

and Acc2 regulate lipid homeostasis and the insulin-sensitizing effects of metformin [J]. Nature Medicine, 2013, 19 (12): 1649–1654.

[25] Duca F A, Cote C D, Rasmussen B A, et al. Metformin activates a duodenal Ampk-dependent pathway to lower hepatic glucose production in rats [J]. Nature Medicine, 2015, 21 (5): 506–511.

[26] Novelle M G, Ali A, Dieguez C, et al. Metformin: a hopeful promise in aging research [J]. Cold Spring Harbor Perspectives in Medicine, 2016, 6 (3): a025932.

[27] Onken B, Driscoll M. Metformin induces a dietary restriction-like state and the oxidative stress response to extend C. elegans healthspan via AMPK, LKB1, and SKN-1 [J]. PLos One, 2010, 5 (1): e8758.

[28] Martin-Montalvo A, Mercken E M, Mitchell S J, et al. Metformin improves healthspan and lifespan in mice [J]. Nature Communications, 2013 (4): 2192.

[29] Slack C, Foley A, Partridge L. Activation of AMPK by the putative dietary restriction mimetic metformin is insufficient to extend lifespan in drosophila [J]. PLos One, 2012, 7 (10): e47699.

[30] Smith D L, Elam C F, Mattison J A, et al. Metformin supplementation and life span in Fischer-344 rats [J]. Journals of Gerontology Series a-Biological Sciences and Medical Sciences, 2010, 65 (5): 468–474.

[31] Kulkarni A S, Brutsaert E F, Anghel V, et al. Metformin regulates metabolic and nonmetabolic pathways in skeletal muscle and subcutaneous adipose tissues of older adults [J]. Aging Cell, 2018, 17 (2): e12723.

[32] Zhang C S, Hawley S A, Zong Y, et al. Fructose-1, 6-bisphosphate and aldolase mediate glucose sensing by AMPK [J]. Nature, 2017, 548 (7665): 112–116.

[33] Ma T, Tian X, Zhang B D, et al. Low-dose metformin targets the lysosomal AMPK pathway through PEN2 [J]. Nature, 2022, 603 (7899): 159–165.

05 双剑合璧——缺血性脑血管病精准治疗方案

王春娟　陈子墨　栾璟煜　李子孝　王拥军

引　言

《墨子》有言“心无备虑，不可以应卒”，虽然这里的“卒”指的是突发变故，不专指“卒中”这一疾病，但这句话却非常贴合现代医学中对卒中“防优于治”的观点。社会的发展于卒中而言，是一把双刃剑：一方面，生活水平的提高和居民平均寿命的增长使罹患卒中的人数逐年增多，卒中已经成为我国居民最主要的死亡原因和疾病负担之一；另一方面，临床研究和技术的发展使卒中这个在传统医学中难以防治的顽疾，已经有了较成熟的防治方案和质控体系，死亡率大大降低。卒中幸存人数也越来越多，庞大的卒中幸存者具有远高于一般人群的复发风险，这些患者不仅要面对改善身体残疾的挑战，还要面对疾病不知何时再来的恐惧。

“治疾及其未笃，除患贵其未深。”对病情复杂的个体而言，如何优化和规范卒中后的治疗方案，在疾病“未深”

之际阻止其进一步恶化，阻止卒中的“卷土重来”；对临床医学的发展而言，如何识别和选择能从预防治疗中最大获益的人群，将诊疗的规范化和个体化完美融合；对全球疾病的防控而言，如何探索更具科学性、创新性和实用性的疾病防治方案，为全球慢病管理提供可借鉴的精准策略。

研究背景

卒中，医学上通常称为“中风”或脑血管意外，是一种急性脑血管病，根据其病理机制可以分为两大类：缺血性脑血管病和出血性脑血管病。其中，缺血性脑血管病由脑血管突然被血栓阻塞而引发，导致相应脑组织血流中断，进而使脑细胞因缺氧而死亡。缺血性脑血管病是最常见的卒中类型，占所有脑血管病的 70% ～ 80%。这种脑血管病具有高发病率、高致死率、高致残率和高复发率的特点，发病后 1 年的致死 / 残疾率高达 34%，并且可以直接造成多种神经功能障碍，如失语、偏瘫、认知障碍等，给社会、家庭和患者带来沉重的负担和巨大的痛苦，并对社会医疗资源造成极大的消耗。

缺血性脑血管病是导致脑血管病患者残疾和死亡的主要原因之一，降低其复发率一直是医疗界面临的重大挑战。预防缺血性脑血管病复发的策略主要为防止血栓形成，患者通常需要接受长期的二级预防和干预治疗。血小板是血液中的重要成分，主要负责血液凝固和止血。在血管壁受损时，血小板会迅速聚集形成血栓以封堵破损的血管。然而，在动脉粥样硬化斑块破裂时，这一机制往往会引发缺血性事件。因此，血小板的活化和聚集在缺血性脑血管病的发病过程中起重要作用，而有效的抗血小板治疗在缺血性脑血管病的治疗和预防中意义重大。常用的抗血小板药物如阿司匹林、氯吡格雷和替格瑞洛等，通过抑制血小板的聚集和活化，能够有效降低血栓形成的风险，从而预防缺血性脑血管病的发生，是缺血性脑血管病二级预防的基石。

然而，不同个体对抗血小板药物的治疗反应存在差异。在预防缺血性脑血管病方面，阿司匹林虽是常用药物，但其单独使用时的效果有限。为提高疗效，临床医生曾尝试将阿司匹林与氯吡格雷等其他抗血小板药物联合使用，但这种联合治疗方法在临床试验中效果并不理想，主要原因是这种联合治疗显著增加了出血的风险。因此，国际指南曾禁止将阿司匹林与其他抗血小板药物一起用于治疗缺血性脑血管疾病，“通过双抗方式降低脑血管病患者复发概率”是当今世界临床领域面临的一道“无解”难题。

然而，面对这一国际性难题，首都医科大学附属北京天坛医院的王拥军则认为这一理论其实是可行的，最关键的是要找到两种药物联合使用的时间、适用的患者和使用的周期三方面相结合的“甜蜜点”。王拥军带领团队对全球超过 9 万例的相关病例进行大数据分析，并在国际上首次提出“在缺血性脑血管病发病后的 24h 内，针对症状较轻［美国国立卫生研究院神经功能缺损评分（National Institutes of Health Neurological Impairment Score，NIHSS）评分 <4］的缺血性卒中或高危的短暂性脑缺血发作的缺血性卒中风险评估量表［年龄、血压、临床特征、症状持续时间、糖尿病（age、blood pressure、clinical features、diabetes，ABCD）］^{2} 评分 ≥ 4 的患者，

阿司匹林联合氯吡格雷短程应用 21 天，有可能安全地降低患者复发风险”的创新性治疗方案，旨在优化缺血性脑血管病的抗血栓治疗策略，降低出血风险，同时提高治疗效果。为了验证这一方案的科学性，本团队开启了一项名为“氯吡格雷用于急性非致残性脑血管病事件高危人群的疗效研究”[1]，这项研究的英文缩写，正好是英文的“机会”一词“CHANCE”。

这项研究针对缺血性脑血管病患者，在中国的 114 个中心进行，共涉及 5170 名患者。研究人员在患者发病后 24h 内将他们随机分为两组：一组接受氯吡格雷和阿司匹林的联合治疗（氯吡格雷首剂 300 mg，随后每日 75 mg，与每日 75 mg 阿司匹林联用，阿司匹林使用期为前 21 天），另一组则接受安慰剂加阿司匹林的联合治疗（每日 75mg，持续 90 天）。所有参与者在第一天都接受了医生根据情况决定剂量的 75 ～ 300 mg 阿司匹林开放标签治疗。研究结果显示，在 90 天的随访期间，接受氯吡格雷和阿司匹林联合治疗的患者中有 8.2% 发生了卒中，而在只接受阿司匹林治疗的患者中这一比例为 11.7%（风险比为 0.68，95% 置信区间为 0.57 ～ 0.81，P<0.001）。此外，两组的中度到重度出血事件发生率均为 0.3%，联合治疗并没有显著增加出血风险。这项研究的重要意义在于，它证实了相比于单独使用阿司匹林，氯吡格雷和阿司匹林的联合使用能更有效地降低缺血性脑血管病患者未来 90 天内复发的风险，同时不会增加出血事件发生的风险。其创新点在于解决了以往单一药物治疗效果不佳、联合用药出血风险增加的临床难题，开辟了缺血性脑血管病联合用药的新道路。

本团队所建立的缺血性脑血管病 CHANCE 方案找到了抗血小板治疗“降低复发率”和“增加出血风险”之间的完美平衡点，解决了困扰国际的联合用药临床难题，被世界卒中组织（World Stroke organization，WSO）主席评价为本领域过去10年国际三大突破性进展之一。该方案是国际脑血管病领域联合抗血小板治疗首个技术成功案例，改写了欧美等多国的缺血性脑血管病防治指南，引领了本领域国际研究潮流。

在此基础上，本团队进一步发现氯吡格雷吸收与代谢通路的关键基因——细胞色素P450家族2亚家族C成员19（cytochrome P450 family 2 subfamily C member 19，*CYP2C19*，细胞色素P450酶第二亚家族中的重要成员，是人体重要的药物代谢酶），显著影响氯吡格雷的药物疗效。在随后的一项研究中[2]，本团队探讨了*CYP2C19*基因变异与缺血性脑血管病患者使用氯吡格雷治疗效果之间的关联。这项CHANCE研究的基因亚组分析共有2933名患者参与，他们被随机分配接受氯吡格雷加阿司匹林治疗或仅阿司匹林治疗。

研究结果显示，在这些患者中，1207名（41.2%）患者没有携带功能缺失等位基因（*2，*3），而高达1726名（58.8%）患者携带功能缺失等位基因。在90天的随访期后，对于不携带功能缺失等位基因的患者，氯吡格雷加阿司匹林组的新发卒中率低于单独使用阿司匹林的组（6.7%对比12.4%，风险比为0.51，95%置信区间为0.35～0.75）；但在携带功能缺失等位基因的患者中，两种治疗方案的效果差异不显著（9.4%对比10.8%，风险比为0.93，95%置信区间为0.69～1.26）。此外，对于复合心血管事件的次要结局指标，非携带者使用氯吡格雷加阿司匹林的效果也优于单用阿司匹林（6.7%对比12.5%，风险比为0.50，95%置信区间为0.34～0.74），而在携带者中，两种治疗的效果同样没有显著差异（9.4%对比10.9%，风险比为0.92，95%置信区间为0.68～1.24）。在出血风险方面，无论是否携带功能缺失等位基因，氯吡格雷加阿司匹林组和单独阿司匹林组之间的出血率均没有显著差异。

以上结果表明，在缺血性脑血管病的患者中，与单独使用阿司匹林相比，氯吡格雷加阿司匹林的联合治疗方案只在不携带 *CYP2C19* 功能缺失等位基因的患者群体中能够降低复发的风险。这项研究通过基因检测技术，发现了氯吡格雷吸收与代谢通路的关键基因对药物疗效的影响，为个体化精准治疗提供了关键科学依据。

在上述研究中，本团队发现中国人群携带氯吡格雷功能缺失等位基因的比例高达 58.8%。这就意味着人群中有超过半数的患者使用 CHANCE 方案面临着疗效欠佳的窘境，那么这部分人群应该如何预防脑血管病的复发呢？本团队又提出了应用替格瑞洛替代氯吡格雷的“绕行基因”新方案，并开展了 CHANCE-2 研究[3]。

研究目标

本研究的目标：针对携带 *CYP2C19* 功能缺失等位基因的缺血性脑血管病患者，开发基于药物代谢基因的双联抗血小板精准治疗方案，从而在不增加出血风险的条件下，降低缺血性脑血管病的高复发率、致残率和死亡率。

研究内容

本研究针对携带 *CYP2C19* 功能缺失等位基因的缺血性脑血管病患者，比较“替格瑞洛联合阿司匹林”与“氯吡格雷联合阿司匹林”这两种治疗方案用于二级预防的效果。这项随机、双盲、安慰剂对照试验在中国的 202 个中心进行，在 2019 年 9 月 23 日至 2021 年 3 月

22日期间，共纳入了6412名患者。其中，3205名被分配到替格瑞洛联合阿司匹林治疗组，3207名被分配到氯吡格雷联合阿司匹林治疗组。所有患者在症状发作后24 h内接受治疗，替格瑞洛联合阿司匹林治疗组在第一天服用180 mg，之后每天两次服用90 mg，直到第90天；氯吡格雷联合阿司匹林治疗组在第一天服用300 mg，之后每天1次服用75 mg，同时两组前21天均服用阿司匹林。

本研究系列内容主要从4个方面展开：①对于缺血性脑血管病的*CYP2C19*功能缺失等位基因的携带者，评估采用替格瑞洛联合阿司匹林的双重治疗能否比氯吡格雷联合阿司匹林更有效地降低卒中复发的风险；②探索在接受双重抗血小板治疗的缺血性脑血管病患者中，携带*CYP2C19*功能缺失等位基因的患者，在90天内出血事件发生的风险及潜在风险因素[4]；③为了进一步提高双抗疗效，分析肾功能对替格瑞洛联合阿司匹林与氯吡格雷联合阿司匹林治疗的效果和安全性的影响[5]；④进一步探索使用替格瑞洛联合阿司匹林与使用氯吡格雷联合阿司匹林的双重抗血小板治疗，其获益—风险的时间进程[6]

研究成果

1. 主要疗效

CHANCE-2研究通过基于床旁快速基因检测技术的大型临床试验，证实了替格瑞洛治疗方案可使复发风险相对降低23%。这一研究成果具有前瞻性和指导意义，有望为缺血性脑血管病的治疗提供更有效的手段。这些结果于2021年12月在《新英格兰医学杂志》（*New England Journal of Medicine*，*NEJM*）上发表。

具体而言，90 天内，替格瑞洛联合阿司匹林组中有 191 名患者（6.0%）新发缺血性或出血性卒中，而氯吡格雷联合阿司匹林组中有 243 名患者（7.6%）新发卒中（风险比为 0.77，95% 置信区间为 0.64 ～ 0.94，*P*=0.008，图 5-1）。30 天内，新发卒中事件在替格瑞洛联合阿司匹林组中有 156 名患者（4.9%），在氯吡格雷联合阿司匹林组中有 205 名患者（6.4%，风险比为 0.75，95% 置信区间为 0.61 ～ 0.93）。替格瑞洛联合阿司匹林组中有 229 名患者（7.2%），在氯吡格雷联合阿司匹林组中有 293 名患者（9.2%）发生血管事件（风险比为 0.77，95% 置信区间为 0.65 ～ 0.92）。根据打开闭塞冠状动脉的全球应用策略（Global Use of Strategies to Open Occluded Coronary Arteries，GUSTO）标准定义的中度或重度出血，在替格瑞洛联合阿司匹林组中有 9 名患者（0.3%）发生，在氯吡格雷联合阿司匹林组中有 11 名患者（0.3%）发生（风险比为 0.82，95% 置信区间为 0.34 ～ 1.98）。在替格瑞洛联合阿司匹林组中有 3 名患者（0.1%），在氯吡格雷联合阿司匹林组中 6 名患者（0.2%）发生颅内出血。任何

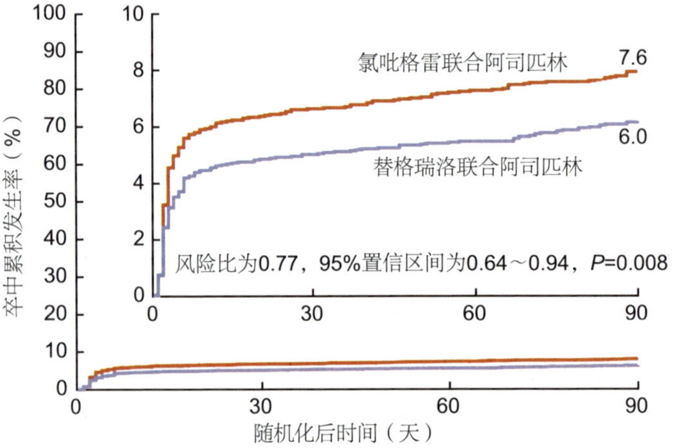

图 5-1 卒中事件在两组中的累积发生风险

出血事件发生的概率在替格瑞洛联合阿司匹林组中为 5.3%，而在氯吡格雷联合阿司匹林组中为 2.5%。

在替格瑞洛联合阿司匹林组中有 540 名患者（16.8%），在氯吡格雷联合阿司匹林组中有 427 名患者（13.3%）发生不良事件。

2. 出血风险分析

90 天内，6412 名患者中，总共报告了 250 例出血事件（3.9%）。其中，替格瑞洛联合阿司匹林组发生了 170 例（2.7%），氯吡格雷联合阿司匹林组发生了 80 例（1.2%，风险比为 2.21，95% 置信区间为 1.68 ～ 2.89，P<0.001，图 5-2），主要为皮肤瘀伤（74 例，1.2%）、鼻出血（48 例，0.8%）和牙龈出血（39 例，0.6%）等。大多数出血事件（200 例，3.1%）发生在随机化之后的 21 天内，此时患者仍在接受双重抗血小板治疗。尽管替格瑞洛和氯吡格雷组在中度或严重出血（各 0.3%）及致命出血（各 0.1%）方面差异不大，但在年龄小于 65 岁的患者和无糖尿病患者中，与氯吡格雷联合阿司匹林相比，替格瑞洛联合阿司匹林的出血风险明显增加，其风险比分别为 2.87（95% 置信区间为 1.95 ～ 4.22）和 2.65（95% 置信区间为 1.88 ～ 3.73）。这项研究提示在实施双重抗血小板治疗时，需要特别注意年龄和糖尿病状态对出血风险的潜在影响。

3. 对肾功能的影响

本研究对 6378 名（99.47%）患者进行了肾功能［估算的肾小球滤过率（estimated glomerular filtration rate，eGFR）］的测量与分析。患者的中位年龄为 64.5 岁，其中 2165 名（33.9%）为女性。在这些患者中，4050 名（63.5%）的肾功能正常（eGFR ≥ 90 mL/min/1.73m²），

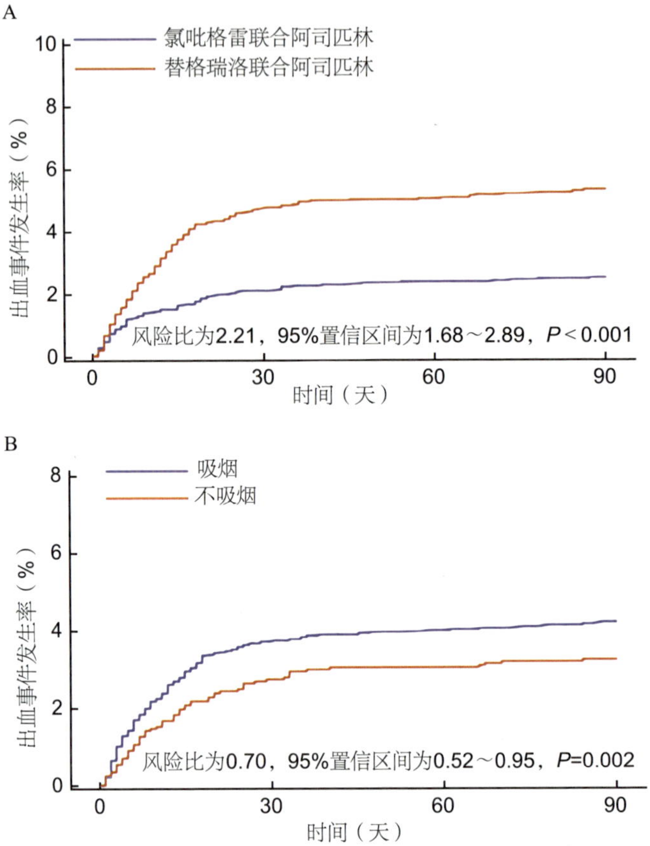

图 5-2　氯吡格雷联合阿司匹林与替格瑞洛联合阿司匹林治疗方法（A）和当前吸烟状态（B）对出血事件发生的影响

2010 名（31.5%）的肾功能轻度异常（eGFR 为 60 ～ 89 mL/min/1.73m²），309 名（4.8%）的肾功能中度异常（eGFR 为 30 ～ 59 mL/min/1.73m²），9 名（0.2%）的肾功能严重异常（eGFR<30 mL/min/1.73m²）。

在肾功能正常的患者中，接受替格瑞洛联合阿司匹林治疗的 189 名（5.9%）患者和接受氯吡格雷联合阿司匹林治疗的 243 名（7.6%）患者在 90 天内发生了复发性卒中。与氯吡格雷联合阿司匹林治疗方法相比，替格瑞洛联合阿司匹林治疗方法降低了卒中的复发风险（5.2% 对比 8.1%，风险差为 2.8%，风险比为 0.63，95% 置信区间为 0.49 ～ 0.81、-4.4%~-1.3%，图 5-3A）。在轻度肾功能下降的患者中，两种治疗方法的卒中复发率相近（6.7% 对比 6.9%，风险差为 -0.2%，风险比为 0.98，95% 置信区间为 0.69 ～ 1.39、-2.4%~2.0%，图 5-3B）。而在中度至严重肾功能下降的患者中，与氯吡格雷联合阿司匹林组相比，替格瑞洛联合阿司匹林组的卒中复发率反而更高（9.8% 对比 6.1%，风险差为 3.7%，风险比为 1.31，95% 置信区间为 0.48 ～ 3.55、-2.3%~10.1%，图 5-3C）。

在安全性结局方面，在肾功能正常的患者中，重度或中度出血事件发生的概率在替格瑞洛联合阿司匹林组和氯吡格雷联合阿司匹林组之间差异不大（0.2% 对比 0.3%，差异为 -0.1%，风险比为 0.59，95% 置信区间为 0.17 ～ 2.01）。在轻度肾功能异常的患者中，两组出血事件发生的概率也相似（0.4% 对比 0.3%，差异为 0.1%，风险比为 1.28，95% 置信区间为 0.2 ～ 5.75）。在中度至严重肾功能下降的患者中，出血事件发生的概率几乎无差异（0.7% 对比 0.6%；差异为 0.0%）。以上分析结果表明，替格瑞洛联合阿司匹林在肾功能正常的患者中，具有更好的疗效；在肾功能不全的患者中，其效果可能受到影响，同时安全性在各肾功能组别中相对一致。

4. 获益—风险时间进程

在为期 90 天的治疗期间，替格瑞洛联合阿司匹林组在第一周内显著降低了主要缺血事件的发生率，从 5.5% 降至 4.2%，绝对风险降低了 1.34%，95% 置信区间为 0.29 ～ 2.39（图 5-4）。此后几周效果虽有所减弱，但依旧持续，第二周、第三周和第四周的绝对风险降低分别为 0.11%、0.14% 和 0.04%，对应的 95% 置信区间分别为 -0.24 ～ 0.45、-0.11 ～ 0.38 和 -0.18 ～ 0.25。

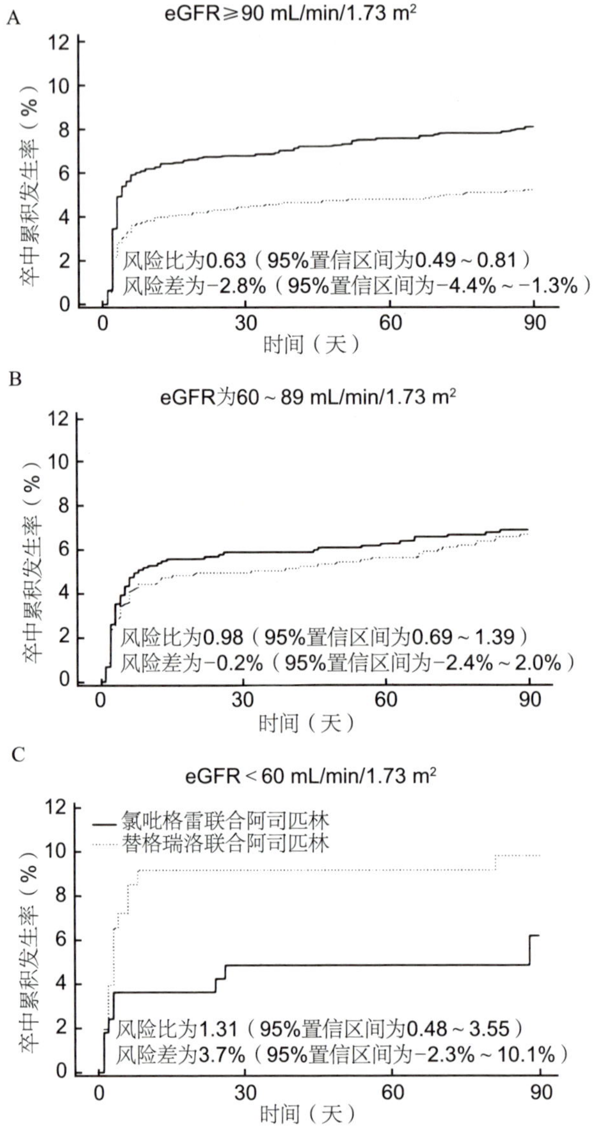

图 5-3　在肾功能正常（A）、轻度肾功能下降（B）、中度至严重肾功能下降患者（C）中，不同治疗方式的卒中复发风险

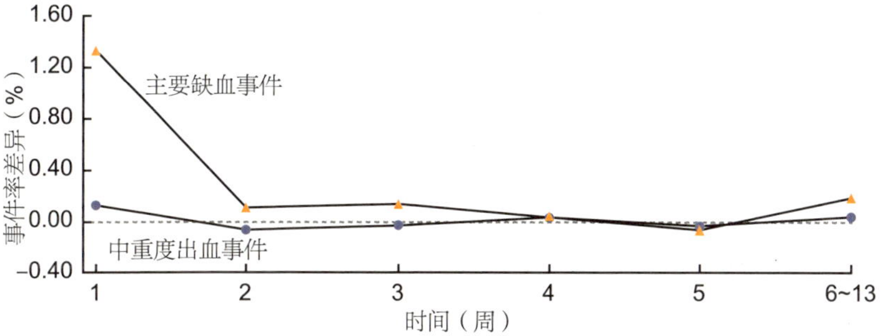

图 5-4 治疗效果的绝对差异随时间变化的进程

注：主要缺血事件定义为缺血性脑血管病和非出血性死亡的复合事件，中度或重度出血根据 GUSTO 标准定义。

出血事件方面，第一周内替格瑞洛联合阿司匹林组出血事件略有增加，从 1.2% 增至 2.1%，绝对风险增加了 0.87%，95% 置信区间为 0.25 ～ 1.50。在随后 3 周内，这一增加趋势保持相对稳定，第二周、第三周和第四周的绝对增加率分别为 1.21%、0.33% 和 0.23%，对应的 95% 置信区间分别为 0.75 ～ 1.68、-0.05 ～ 0.72 和 -0.03 ～ 0.49。

在前 21 天内，替格瑞洛联合阿司匹林与降低主要缺血事件（4.7% 对比 6.3%）和增加出血事件（4.3% 对比 1.9%）相关，绝对风险降低和增加分别为 1.56% 和 2.37%，95% 置信区间分别为 0.44 ～ 2.67 和 1.52 ～ 3.22。此外，第 22 ～ 90 天单抗血小板治疗阶段，获益几乎消失。整体而言，替格瑞洛联合阿司匹林的治疗方法在第一周内提供的净临床益处在随后的几周中持续存在，展示了该治疗方案在特定早期时间窗内的有效性和相对安全性。

总结

通过开展 CHANCE-2 系列研究，本团队基于药物基因组学的精准治疗策略，为存在“氯吡格雷药物抵抗”的患者找到了抗血小板治疗预防复发的替代方案，显著降低了此类患者高复发风险，更是国际脑血管病领域首个基于药物基因组学的精准治疗方案，开启了脑血管病基因指导治疗的新时代。

根据流行病学数据测算，缺血性脑血管病精准治疗方案临床应用后每年可减少 80 万例脑血管病复发，累积减少住院费用约 160 亿元人民币。CHANCE 方案临床应用可使缺血性脑血管病患者 3 个月复发风险相对下降 32%，且不增加出血风险，而 CHANCE-2 方案中替格瑞洛替代方案的临床应用可使 3 个月复发风险相对下降 23%，这可使更多患者避免复发所导致的残疾和死亡，减少直接和间接的劳动力损失，成为健康中国战略发展的有力工具。

这一突破性成果被《新英格兰医学杂志》(*NEJM*) 等权威期刊发表，不同专家均对这一研究成果给予了高度评价。他们认为，这一联合治疗方案显著降低了脑血管病复发风险，为缺血性脑血管病的治疗提供了新的思路和方法。同时，这一成果也为基因检测技术的发展提供了新的契机，有望进一步推动相关领域的发展，被誉为开启了脑血管病基因指导治疗的新时代，被《自然医学》(*Nature Medicine*) 和《欧洲心脏杂志》(*European Heart Journal*) 评价为基因分型指导脑血管病治疗的新契机，美国国立卫生研究院 (National Institutes of Health，NIH) 临床药物基因组学实施联盟 (Clinical Pharmacogenomics Implementation Consortium，CPIC) 已将本团队的研究成果纳入国际指南，也使更多人了解到缺血性脑血管病的治疗现状和挑战。王拥军教授也因此获得了“世界卒中组织主席杰出贡献奖”，成为获此殊荣的亚洲第一人。这些荣誉表明，我国在缺血性脑血管病研究领域已步入国际领先行列。

通过缺血性脑血管病精准治疗策略的创立和临床应用，CHANCE-2研究开辟并引领了脑血管病防治新领域，开创了国际脑血管病精准治疗的先河，用“中国方案”解决了世界问题，标志着我国医疗领域科技创新已逐步走上世界舞台的中央。缺血性脑血管病精准治疗方案的突破性研究成果将对生产生活产生深远的影响。它不仅为患者提供了更有效的治疗方法，同时也为医生和科研人员提供了新的治疗手段和研究思路。相信随着科技的不断进步和创新，我们将能够更好地预防和治疗缺血性脑血管病，为人类的健康事业作出更大的贡献。

发展前景与展望

随着全球人口老龄化趋势加剧，缺血性脑血管病已成为导致死亡和残疾的主要原因之一。这一突破性的研究成果为缺血性脑血管病的治疗提供了新的思路和方法。未来，随着基因检测技术的不断发展和应用，我们有望进一步发现更多影响缺血性脑血管病发生和发展的关键因素，从而为个体化治疗提供更精确的依据。

此外，随着替格瑞洛替代治疗方案在我国的广泛应用，其在携带*CYP2C19*功能缺失等位基因患者中的应用，将进一步提高治疗效果。这将有助于进一步降低我国缺血性脑血管病的高复发率，减少患者因疾病导致的残疾和死亡，对未来人民的生活和社会发展产生积极的影响。

我国在缺血性脑血管病研究方面仍面临着一些发展瓶颈和关键点。首先，尽管我国在基因检测技术方面取得了显著进展，但与国际先进水平相比，仍有一定差距。因此，我们需要加大研发投入，提高基因检测技术水平，以便更好地服务于缺血性脑血管病患者。其次，尽管替格瑞洛替代治疗方案在我国已取得一定成果，但其在国内的普及率仍有待提高。因此，我们需要加强宣传和培训工作，提高医生和患者对该治疗方案的认识和接受度。最后，我们需要进一步加强国际合作与交流，引进国外先进的诊疗技术和理念，推动我国缺血性脑血管病研究水平不断提高。

参考文献

[1] Wang Y，Wang Y，Zhao X et al. Clopidogrel with aspirin in acute minor stroke or transient ischemic attack [J]. The New England Journal of Medicine，2013（369）：11−19.

[2] Wang Y，Zhao X，Lin J，et al. Association between CYP2C19 loss-of-function allele status and efficacy of clopidogrel for risk reduction among patients with minor stroke or transient ischemic attack [J]. JAMA, 2016，316（1）：70−78.

[3] Wang Y，Meng X，Wang A，et al. Ticagrelor versus clopidogrel in cyp2c19 loss-of-function carriers with stroke or tia [J]. The New England Journal of Medicine，2021，385（27）：2520−2530.

[4] Wang A，Meng X，Tian X，et al. Bleeding risk of dual antiplatelet therapy after minor stroke or transient ischemic attack [J]. Annals of Neurology，2022，91（3）：380−388.

[5] Wang A，Xie X，Tian X，et al. Ticagrelor-aspirin versus clopidogrel-aspirin among cyp2c19 loss-of-function carriers with minor stroke or transient ischemic attack in relation to renal function：A post hoc analysis of the CHANCE-2 trial [J]. Annals of Internal Medicine，2022，175（11）：1534−1542.

[6] Pan Y，Meng X，Jin A，et al. Time course for benefit and risk with ticagrelor and aspirin in individuals with acute ischemic stroke or transient ischemic attack who carry cyp2c19 loss-of-function alleles：A secondary analysis of the chance-2 randomized clinical trial [J]. JAMA Neurol., 2022（79）：739−745.

06 描绘扰动图谱，一窥天书奥秘

荆征宇 张效铭 康立清 池 天

引 言

虎啸狮吼、莺歌燕舞、花香草翠、松挺柳依……壮观绚丽的生命现象，归根到底由基因决定。基因的物质基础是DNA，一个生物体的全部DNA（基因组），描绘了其生命现象的蓝图和剧本。人类基因指导我们健康地生长发育，并成为万物之灵。如果一个人的基因功能障碍，则会带来各种病痛。20年前，人类基因组计划正式完成，这是彪炳史册的伟大科研成果。但是誊抄生命密码，只了解了基因组的“外貌”；要破译这个密码，对其“知人知面也知心”，难度远超密码誊抄。人类2万个基因在400多种细胞中的功能，至今鲜为人知，人类基因组还是一部神秘天书。要揭秘基因功能，须对其进行扰动。

“工欲善其事，必先利其器。”本团队8年磨一剑，打造了大规模扰动技术经诱导生成用于基因扰动实验的镶嵌体动物（induced Mosaic Animal for Perturbation，iMAP），描绘了世界首张“扰动图”。该图展示了90个基因分别在39种组织细胞的基本功能，并揭示了多个潜在药靶。iMAP的解码速度比传统单基因扰动技术高100倍（类似汽车与步行的区别），并有可能再升高10倍（类似变汽车为飞机）。毫无疑问，终有一天，生命奥秘将被彻底破解，疑难病症的药靶也将浮出水面。这一梦寐以求的时刻，随着iMAP、高通量测序、计算生物学、人工智能等各种相辅相成的尖端技术的涌现、发展，已隐隐出现在“地平线”上。它也许很快会扑面而来，将我们带进一个激动人心的新时代。

研究背景

1866年，孟德尔（Mendel）提出“遗传因子”是遗传变异的决定因素；1909年，约翰森将“遗传因子”命名为“基因”；1944年，艾弗里证明了基因的本质是DNA；1953年，沃森和克里克阐明了DNA的结构；1990年，美国启动“人类基因组计划”，先后共有6国（包括中国）2000多名科学家加入。在用了13年、花费38亿美金后，2003年4月14日，美、中、英、日、德、法等国首脑联名发表了《六国政府首脑关于完成人类基因组序列图的联合声明》，正式宣告人类基因组测序基本完毕。这是生命科学研究史上最重要的里程碑之一，开启了“后基因组时代”，其任务是破解基因组功能。

人类基因组计划被誉为生命科学的“阿波罗登月计划”，如果测序基因组是登陆月球，那么揭秘其功能也许比移民火星还要难很多。人类基因组约有30亿个碱基对，约含2万个编码蛋白质的基因（简称“基因”），但蛋白质编码序列（称为“基因外显子”）仅占基因组序列的1.5%。其余的序列多种多样：有些是内含子，有些调控基因表达（如启动子、增强子、沉默子），有些转录成“非编码RNA”，还有假基因、重复序列（包括转座子）等。在这些序列中，基因是生命蓝图的核心成分，其研究也最为深入。人体细胞有37万亿个，起码可分为400种类型[1]。但是2万个基因在各种细胞中的功能，至今大多未知，更遑论基因组其他序列。基因在疾病中的作用，更加鲜为人知，大多疾病因此缺乏药靶，尤其是高效、特异的“优质靶点”。事实上，人类疾病起码有1万种[2]，而临床使用的基因药靶仅667个，不到基因总数的3%[3]。值得指出的是，这些药靶无一为中国所发现，表明我国与制药领域先进的国家之间目前尚存巨大差距。

那么，如何鉴定基因（或其他DNA序列）功能，从而挖掘药物靶点？这可用以下故事解释。据说，马斯克（Musk）的一个秘书要求加薪。马斯克让她休假两周，然后就炒了她，因为他发现她不在时，公司照样正常运行。同样，鉴定DNA功能的基本方法就是使其“休假”（将其从基因组中剔除，即“敲除”），再观察细胞表型。除了敲除，我们也可对基因进行其他形式的扰动（例如，降低或提高基因表达水平、改变蛋白质序列），但敲除是最基本、最常用的扰动方法，也是鉴定基因功能的“金标准”。

基因敲除实验当然不能在人体中进行，因为这违反伦理，会受到学界谴责乃至刑法严惩。因此，解码人类基因组离不开模式动物。小鼠是生命科学研究中应用最广泛的模式动物。小鼠体积小、繁殖快，而且其蛋白序列与人类高度一致（85%）。它的一些非编码序列如启动子、增强子，也有一定的保守性，因此小鼠实验有重要参考价值。

小鼠基因敲除技术问世于 20 世纪 80 年代末，其发明人于 2007 年获诺贝尔生理学或医学奖[4]。该技术利用同源重组的方法，在小鼠胚胎干细胞中剔除一个靶基因，再通过复杂的方法，将干细胞发育成小鼠。这种小鼠全身缺失靶基因，被称为全身性单基因敲除（简称“单敲”）品系，可用于鉴定该基因在个体水平上的功能。单敲是目前最常用、最基本的小鼠基因解码策略。基因敲除技术问世 10 年后，科学家们各自独立地敲除、研究基因。这种“各自为政”“零敲碎打”的研究模式，很像人类基因组测序前人类基因的研究局面。为了加快小鼠基因的解码速度，2007 年，柯林斯（Collins）等人发起成立“国际基因敲除小鼠联盟”（International Knockout Mouse Consortium，IKMC），以便有组织、系统性地在胚胎干细胞中敲除 2 万基因[5, 6]。

有趣的是，柯林斯也正是当年人类基因组计划的领导人，这体现了基因研究从测序（20 世纪）到功能解码（21 世纪）这一由表及里、由浅及深的历史行程。2011 年，“国际小鼠表型鉴定联盟”（International Mouse Phenotyping Consortium，IMPC）成立。它规模宏大，由 21 个研究机构的数百名科学家组成，旨在联合 IMKC，用 10 年时间制备 2 万个单敲品系，并对其进行初步、简单的表型分析。

但是，从 IMPC 成立至今已 10 余年，制备、分析的品系不到 1 万，而且其中 1/3 品系胎死腹中，表明小鼠基因中，有 1/3 为“胚胎必需基因（embryonic essential gene，EEG）”。EEG 也常在成体中表达，但由于被敲除后就导致胎死腹中，其成体功能无法研究。即使对非 EEG，也难以用单敲品系揭示基因功能。这是因为要理解基因功能，必须鉴定其敲除对细胞的直接效应，但全身性敲除可影响多个组织器官，后者又可继而互相影响，从而混淆直接效应。为鉴定直接效应，科学家研发了小鼠“组织特异性”敲除技术，它基于 Cre-LoxP 重组系统[7]。

Cre 和 LoxP 分别是噬菌体产生的重组酶和其识别序列。将一对 LoxP 分别插入基因片段两端，再利用 Cre 使 LoxP 之间发生重组，可剔除 LoxP 之间的序列。在插入了 LoxP 的小鼠中，把 Cre 选择性地表达在特定组织，即可将靶基因敲除局限在这个组织。这不但能揭示基因的直接功能，还常能避免胎死腹中，从而克服全身性敲除的缺点。但是该技术流程复杂（需制备 LoxP 和 Cre 品系，再将其杂交），而且每次只能研究一个组织。全身性和组织特异性敲除还都有一个关键缺点：两者都只能逐个敲除、分析基因，通量极低。为了弥补单敲策略的缺点，科学家研发了基于 CRISPR/Cas9 基因编辑[8]的高通量遗传筛选技术（简称“CRISPR 筛选”）[9]。

什么是 CRISPR/Cas9？ 20 世纪 80 年代末，科学家发现细菌基因组携带一种奇怪的 DNA 序列，将其命名为 CRISPR。其谜底于 2007 年揭开：CRISPR 是细菌免疫防御体系的一个成分。原来，某些细菌在遭到病毒入侵后，能够捕获病毒基因的一小段，并将其插入自己基因组中的 CRISPR 位点，在此存储病毒信息，相当于将病毒列入“黑名单”。细菌随后将病毒基因片段转录成 RNA（相当于读出黑名单），并将其转化成“向导 RNA”（guide，gRNA），再将其与细菌免疫防御体系的另一关键成分——Cas9 组装成复合物。Cas9 是能切割 DNA 的核酸酶，俗称“基因魔剪”。这个复合物像导弹，其中 gRNA 和 Cas9 分别负责识别（通过碱基互补）和摧毁（通过切割）病毒基因。因此，经历病毒感染后，细菌就制备、部署了导弹严阵以待，以便迅速而精准地歼灭“再犯之敌”。

真核细胞 CRISPR/Cas9 基因编辑技术就是通过人工设计 gRNA，使导弹靶向细胞的特定基因，精准地将其剪断，诱发细胞固有的修复反应，趁机引入所需突变，从而改造、修饰（“编辑”）靶基因[8]。最简单、常见的突变是移码，常导致基因敲除，它源于修复时自发产生的碱基随机插入或丢失（而如果提供特定的修复模板，则可获得其他突变）。CRISPR/Cas9 基因编辑技术用途广泛，已风靡全球，并且催生了 2020 年诺贝尔化学奖。值得指出的是，2013 年，耶尼施（Jaenisch）和我国黄行许等发现，将 Cas9 mRNA 和 gRNA 注入小鼠受精卵，就能有效地敲除靶基因，产生基因敲除小鼠[10, 11]。该技术已取代基于胚胎干细胞的传统技术，成为制备单敲品系的首选方法。

与单敲不同，CRISPR 筛选技术通常是利用病毒载体，将多种 gRNA 的混合物（“pooled gRNA 文库”）同时引入一群细胞，但每个细胞只随机引入文库中的一个 gRNA、敲除一个靶基因；对这群细胞同时、“平行”（而不是先后、逐个）地进行表型筛选，即可从大量基因中一举查出调控特定表型的基因[9]。CRISPR 筛选通常在体外进行。例如，要寻找调控肿瘤细胞耐药性的基因，可在体外培养药敏肿瘤细胞，引入 gRNA 文库，再用药杀；如果发现有细胞存活，那么只要鉴定其 gRNA，就可推测出介导药物敏感性的基因。此外，如果引入文库后，对细胞群进行单细胞水平的高通量 RNA 测序，即可一举表征文库中各个靶基因对转录组的调控作用，从而较全面地了解基因功能。因此，CRISPR 体外筛选通量远高于小鼠单敲策略。遗憾的是，多数生理过程难以在体外再现、研究，而且每次筛选只能在一个细胞类型里进行。鉴此，人们已经试图在小鼠体内进行筛选[12]。

体内 CRISPR 筛选分为两类。第一类可称为“移植筛选”，即从小鼠（表达 Cas9）分离靶细胞，在体外培养，用病毒引入 gRNA 文库，再输回体内分析。该方法比体外筛选有一定优势，但只适合少数既可移植又可感染的细胞类型（主要是免疫细胞），而且每次只能分析一类细胞，操作也相当复杂。第二类可称为“原位筛选”：将病毒文库直接注射到小鼠器官中，使每个细胞随机感染上一个病毒颗粒、敲除一个基因，从而将局部组织转化为“镶嵌结构”（mosaic structure，即不同细胞含不同基因组），再分析各基因敲除分别导致的细胞表型。原位筛选操作简单（无须分离、移植细胞）、结果可靠（靶细胞来源于天然环境），而且每次可“平行”地感染、分析多种细胞。

值得指出的是，文库中通常只有少数 gRNA 能严重破坏细胞，所以整个文库只能破坏组织中小部分细胞。一般难以损害整个组织的功能，因此镶嵌鼠从整体上讲是健康的（除非 gRNA 导致细胞大量增殖甚至肿瘤，详细内容见后文）。在这种情况下，一个 gRNA 只能影响表达该 gRNA 的细胞，而不会通过改变整个镶嵌鼠而殃及其他细胞。也就是说，原位筛选像其他形式的 CRISPR 筛选，能揭示基因在细胞里的直接功能。遗憾的是，原位筛选亦有其短板：体内病毒感染一般效率低下，范围也窄（限于注射针头附近），目前只被用于脑、肺、肝这 3 个易触及的实质性器官。此外，所有 CRISPR 筛选都有严重的共同局限性：试剂（病毒文库、感染了病毒的小鼠）珍贵，且不能重复使用，必须反复制备，从而使实验昂贵、繁难并遭受“批次效应”的干扰。这与小鼠单敲品系相反，后者一旦制备，即可自我繁殖，成为永久资源，可反复使用。除了 CRISPR，转座子、致癌物等也能诱导小鼠基因组突变，已被用于大规模体内筛选，但各自也有其局限性。

由于各种筛选技术的缺点，目前解码小鼠基因主要还得依赖单敲策略；快速小鼠体内基因解码技术，至今还是求而不得的“圣杯”。

研究目标与研究内容

1. 长远目标

小鼠有约 2 万个基因、400 多种细胞，共 800 万种组合。本研究将在单细胞水平，鉴定每个基因敲除后分别对每种细胞的效应，即描绘“全景扰动图”，从而解码每个基因在各种细胞的基本功能。全景图将成为探索生命奥秘必备的“世界地图”，其问世将成为生命科学研究史上的重要“里程碑”和“分水岭”。因为在此后，探索基因基本功能将如查字典般简单，这对破解“人类生命天书”有重大意义，以期挖出重大疾病的优质药靶，助力我国在该领域零的突破，为治疗疑难病症奠定基础。

2. 短期目标（即研究内容）

千里之行，始于足下。本研究聚焦以下内容。

研发 iMAP 技术，使用简单的小分子化合物他莫昔芬（tamoxifen，TAM），即可将整个小鼠转化为镶嵌体（图 6-1）。iMAP 汇集了单敲和 CRISPR 筛选的优点而避免了其关键缺点，填补了该领域的空白，是崭新的、突破性的技术。

利用 iMAP 解码 90 个基因分别在 39 种器官 / 组织 / 细胞（以下简称“组织”）的基本功能，从而描绘世界首张“微型扰动图”。可以预测，微型图将催生一个崭新的国际前沿研究方向：描绘全景图。这是本研究前瞻性之所在。

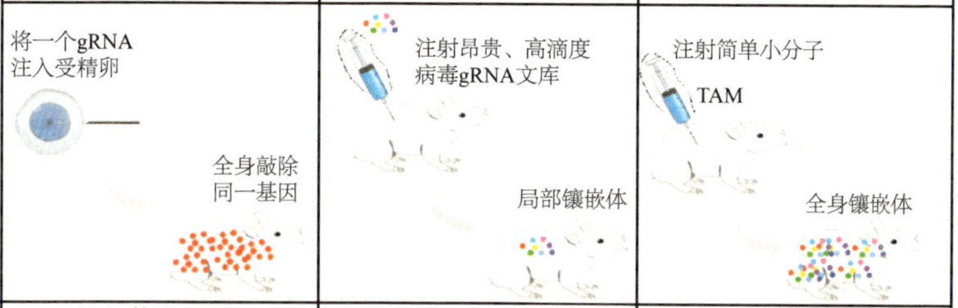

	单基因敲除	原位CRISPR筛选	iMAP
敲除通量	低（1基因/品系）	高（但通常<120基因/小鼠）	中（100基因/品系）
gRNA递送	高效	低效、不均	天生携带，TAM诱导，分布全身
靶细胞	全身细胞	实质器官（脑、肝、肺）	全身细胞
小鼠反复使用	是	否	是
快速解码基因	否	难	易
描绘扰动图谱	不合适	不合适	合适

图 6-1　几种具有代表性的、基于 CRISPR/Cas9 的小鼠体内基因解码策略

注：研发 iMAP 是本工作的研究目标之一。

研究成果

六代学生前赴后继，历经 8 年，取得了以下成果，发表于《细胞》（*Cell*）杂志[13]。

1. 研发 iMAP

（1）iMAP 的工作原理

iMAP 核心是一种新型 gRNA 文库，由多达 100 个 gRNA 编码序列（“guide”）串联而成。将它插入受精卵基因组，制备转基因鼠，使每个细胞都天然携带 gRNA 文库，从而无须用病毒递送。具体地说，iMAP 转基因融合了 CRISPR/Cas 和 Cre-Lox 技术，由 4 个元件组成：①一对 *piggyBac* 转座子的反向末端重复序列（inverted terminal repeat，ITR），位于转基因两侧，介导随机单拷贝转基因整合，这是每个细胞只表达一个 gRNA 的先决条件；②镶嵌了 LoxP 变体 TATA-Lox71 的 U6 启动子，它具有双重功能，即启动 gRNA 转录和进行 Cre 介导的重组；③由多达 100 个 guide 串联成的 array，每个 guide 后有转录终止序列；④另一个 LoxP 变体（TATA-TC9），分隔各个 guide。静息状态下，只有紧邻 U6 启动子，即坐落在位置 0（position 0，P0）的 guide（g0）才能表达（图 6-2A）。

在 TAM 的诱导下，CreER 被激活，使 TATA-Lox71 和 TATA-TC9 发生重组（图 6-2A 三角形下的箭头），剔除其间的序列，g1 到 g*n* 中的 guide 前移到 P0 而得以表达（每细胞随机前移一个 guide，图 6-2B），表达出来的 gRNA 再引导 Cas9 敲除靶基因，将小鼠转为镶嵌体。本研究中，CreER 和 Cas9 都被广泛表达，使小鼠全身细胞（包括生殖细胞）都转为镶嵌结构。因此，这种全身镶嵌体可用于普查上百基因在全身各种细胞的功能和挖掘疾病药靶（即描绘扰动图，图 6-2C），也能通过配繁，衍生出上百传统的单敲品系，因此大大提高了制备通量、降低了制备成本（图 6-2D）。图 6-3 试以艺术形式再现 iMAP 的工作原理。

（2）iMAP 的特色、优势

操作简单：用 TAM 就可把整个小鼠转化为镶嵌体。

应用灵活：①可控制基因敲除的时空特征。例如，用广泛表达的 Cre，可使敲除发生在各种细胞，以普查基因功能；而用组织特异性表达的 Cre，则可选择性地研究特定组织。②用简单的二代测序技术即可鉴定 guide 丰度，可判断靶基因的基本生理功能（调控存活、增殖、分化，具体内容请参见图 6-2 的图注），而“高通量单细胞 RNA 测序”等高端技术则能提供更丰富的信息。

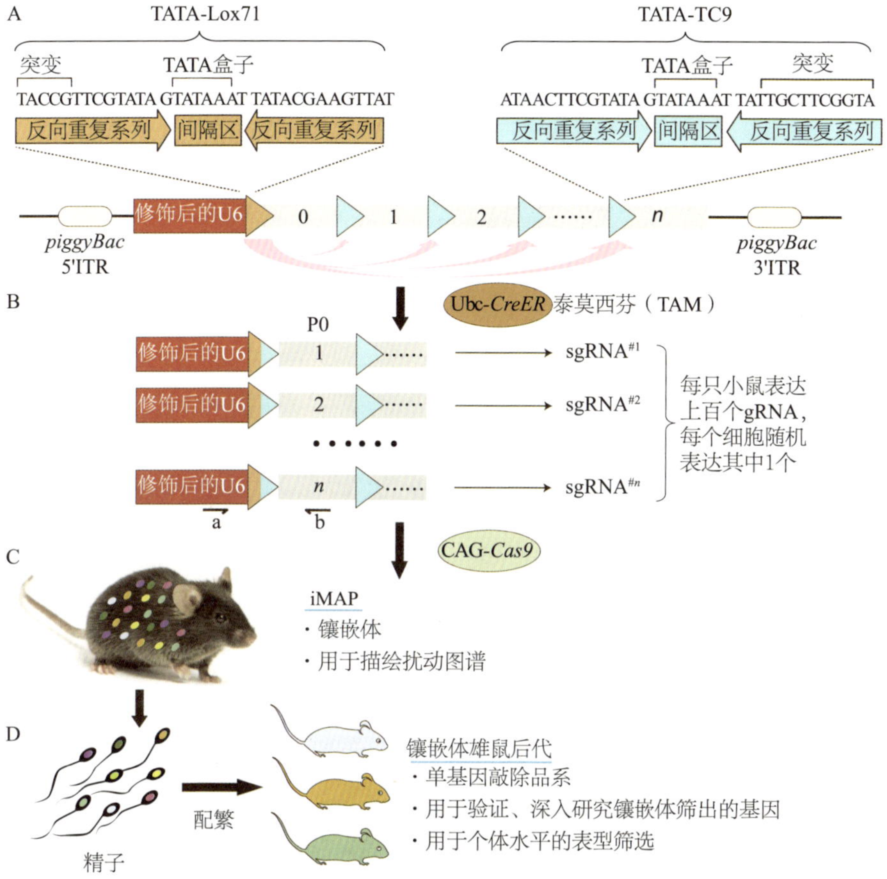

图 6-2　iMAP 原理示意

注：A. 重组前的转基因；B. 重组后的转基因；C. 镶嵌体小鼠；D. 镶嵌体衍生出单基因敲除品系；U6、Ubc 和 CAG 都是启动子，分别将 gRNA、CreER 和 Cas9 广泛表达于全身各部位；CreER 是 Cre 和 ER（改造过的雌激素受体）的融合蛋白，其活性受 TAM 诱导；a/b 是一对 PCR 引物，可放大出转基因重组后所有位于 P0 的 guide；对 PCR 产物进行二代高通量测序，可鉴定出其中每种 guide 的相对丰度；比较实验组（有转基因、CreER 和 Cas9）和对照组（缺 Cas9）的 guide，可鉴定敲除靶基因对小鼠组织中细胞丰度的影响，从而揭示靶基因在细胞存活、增殖、分化过程中的生理功能。

结果可靠：细胞处于天然环境，无体外因素干扰。

易于普及：iMAP 品系一旦制成，即可像常规转基因鼠一样维持、扩增、分享，一劳永逸。

图 6–3　iMAP 原理的“敦煌版”

注：基于“飞天散花”典故，图示飞天（Cre）从花瓶（双螺旋状转基因）中释放出花朵（gRNA），后者再形成镶嵌鼠；本图由李自豪、池天设计。

为验证上述策略的可行性，本研究选取 3 类功能已知的基因，即细胞必需基因、抑癌基因和细胞表面受体基因，其敲除应分别导致细胞丢失、细胞扩增和细胞标记物丢失。每类基因选取了两个基因，针对每个基因设计 10 个 gRNA（共 60 个），将其串联成“61-guide”

转基因，发现其至少能稳定地传 13 代。在携带 61-guide 转基因并广泛表达 CreER 和 Cas9 的“iMAP-61”品系里，TAM 能使转基因重组，释放各种 guide。为鉴定 guide 的生理效应，本研究检测了全身 10 种组织的表型，发现其与预期的基本一致（例如，敲除抑癌基因能使某些组织明显扩增乃至发生肿瘤），表明了 iMAP 的可行性。另外，靶向同一基因的 10 个 guide，平均 9 个可测到活性。需要说明的是，这些 guide 都是用软件设计，其活性未经“湿实验”验证。此外，较明显的脱靶效应仅见于一个数据点（靶向 EEG 的一个 guide 在睾丸中被富集 2 倍）。这些数据不但表明 iMAP 切实可行，并且提示，用一个（而不是多个）gRNA 靶向一个基因将是最佳设计，因为它使 iMAP 通量最大化但不明显增加假阳 / 阴性事件。最后，本研究证明镶嵌体雄鼠的确可通过交配，衍生出单敲后代，这和我们所预测的一样。这些结果表明，iMAP 研发成功。

2. 用 iMAP 解码 EEG 的成体功能

如前所述，EEG 的成体功能难以用单敲品系研究。为回应这个挑战，本团队挑选了 87 个在成体内广泛表达的 EEG，制备了新品系 iMAP-100，它共携带 100 个 guide。其中，87 个靶向 EEG，3 个靶向对照基因（包括 *Morf4l2*，其敲除不产生任何表型），8 个不靶向任何基因（这些 guide 称为“阴性对照”，即“NC”）。用 TAM 诱导幼年鼠，3 ～ 4 个月检查，发现部分小鼠出现多囊肾，而所有雄鼠睾丸萎缩（图 6-4A）。同时，本研究检测了上述 98 个 guide 在 39 种组织中的丰度，以揭示各基因分别在各组织的基本功能（3822 个数据点）。研究结果显示，60% 数据点 guide 丰度明显下降（>2 倍），远远超过丰度升高（0.9%）和不变（39%）的数据点，只有靶向 EEG

（而不是非必需基因或不靶向任何基因）才可影响组织丰度。一个 EEG guide 至少影响一种组织，一般影响多个组织，有时乃至全部组织，表明所有 EEG 在成体依然都有重要功能。

本团队用二维热图（“扰动图”，图 6-4B）展示这 3822 个数据点，它们簇聚成 6 群组织（a ～ f）、5 群 guide（Ⅰ～Ⅴ）。功能相关的组织倾向于簇聚，如大脑与小脑、肠道组织、免疫细胞和男性生殖器官 / 细胞。

同样，功能相关的 guide 倾向于簇聚。例如，全部 NC（g1，g3 ～ 9）和 g2-*Morf4l2*（单敲无表型）簇聚成第Ⅰ组。此外，有 3 对 guide 紧密簇聚，即 g30-*Ccm2* 和 g31-*Krit1/Ccm1*、g80-*Phb* 和 g81-*Phb2*、g95-*Prpf3* 和 g96-*Prpf31*。文献报道，这 3 对 guide 的靶基因分别编码各自蛋白复合物里的一对必需亚基（即敲除任一亚基，就足以摧毁复合物，因此两亚基分别敲除后表型相同），完美解释了簇聚形式[14-16]。

Guide 簇聚反映单敲鼠表型。g2-*Morf4l2*（第Ⅰ组）不影响细胞，正如 *Morf4l2* 单敲不产生任何表型，而Ⅱ～Ⅴ这 4 组 guide 导致逐渐加重的细胞丰度降低（可反映细胞死亡），正如其靶基因敲除导致逐渐提前的胚胎死亡（分别死于受精后第 12、10、7、6 天）。

guide 簇聚反映人类基因功能。相关基因是“核心必需基因”（core essential gene，CEG），它们调控细胞的基本生理过程，为细胞生存所普遍需要，在合成生物学和肿瘤研究领域有重要意义。人类有 684 个 CEG[17]。本研究发现，扰动图上的 90 个基因，有 16 个与人 CEG 同源（图 6-4B，紫色基因）。重要的是，这 16 个基因不是随机分布的，而是富集于图谱右端的 27 个基因中（g71 ～ g98），表明它们也为小鼠多种乃至全部组织所必需，从而佐证了 guide 簇聚的生理意义。

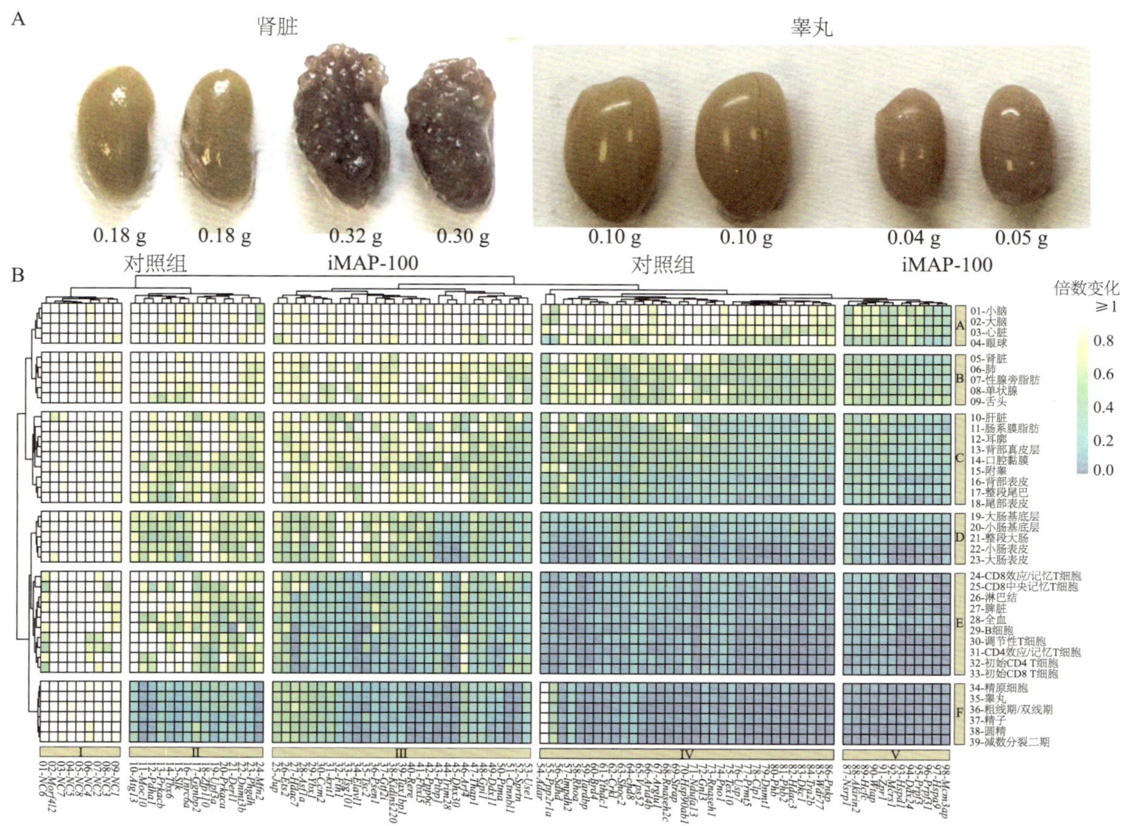

图 6-4　喂食 TAM4 个月后，雄鼠肾脏和睾丸的病变情况（A）和扰动图（B）

注：B. 图展示 98 个 guide 在 39 种组织中的丰度，其中丰度下降远比上升普遍；为清晰展示丰度下降，将丰度上升视为丰度不变（白色）；guide 和组织样本都按其在热图上的排列次序编号；紫色显示人类 CEG 的同源基因。

以上 3822 个数据点展示了很多重要信息，其中多数为本研究首次发现，少数则已有相关文献报道，而后者一般与本研究的结论吻合，从而佐证了 iMAP 的可靠性。以下仅描述部分结论。

EEG 促进细胞生成、存活，但有例外。具体地说，靶向 EEG 的 guide 一般都降低细胞丰度，但有 5 个 guide 在部分组织中被富集。其代表是 g35-*Tsc2*（靶向 *Tsc2* 的 guide，热图横坐标第 35 号），它在肾中被富集 95 倍。同时，肾脏变成多囊肾（图 6-4A 左），提示敲除 *Tsc2* 能促进肾细胞大量增殖，以致镶嵌体中极小数细胞最终产生器官水平的表型（出现多囊肾）。这与其他文献报道吻合：小鼠敲除 *Tsc2* 后，可诱发肿瘤和多囊肾[18, 19]。

胚胎发育所必需的基因一般也为精子生成所必需，表明精子的生成与胚胎发育有某种神奇、意外的共性，也解释了睾丸为什么会有这么独特的表型（萎缩，图 6-4A 右）。

EEG 中隐藏着潜在医疗靶点。*Mov10* 和线粒体融合素 2（mitofusin 2，*Mfn2*）：男性避孕药。文献报道，两基因广泛表达，被敲除后不影响体细胞存活。与此一致，g11-*Mov10* 和 g24-*Mfn2* 不影响各种体细胞存活，但出乎意料的是，两者强烈抑制精子的生成（使精原细胞和由其衍生的各种生殖细胞丰度降低 33 ～ 37 倍）。因此，*Mov10* 和 *Mfn2* 是潜在的男性避孕药靶点，其靶向药有可能高效而安全地阻断精子生成。为什么 *Mov10* 和 *Mfn2* 如此“青睐”生殖细胞而“忽视”体细胞？这依然是谜，因为 *Mov10* 和 *Mfn2* 分别能抑制转座子表达和调控线粒体功能，这些功能对体细胞也很重要。也许体细胞内部有“备胎”基因，其冗余作用遮盖了 g11-*Mov10* 和 g24-*Mfn2* 的破坏效应。

Derl1：肿瘤靶向疗法。扰动图显示，g21-*Derl1* 丰度减少只见于

B 细胞和男性生殖细胞，提示 *Derl1* 的主要生理功能相对有限。有趣的是，人类 *Derl1* 在多种肿瘤中都是重要的致癌基因，将其敲除能抑制肿瘤生长[20]。因此，*Derl1* 小分子抑制剂可能是相对安全的广谱抗肿瘤药物。

组蛋白去乙酰化酶 7（histone deacetylase，*Hdac7*）：肿瘤免疫疗法。治疗肿瘤的一个重要策略是从人体中分离 T 细胞，在体外改造［插入人工抗原受体（chimeric antigen receptor，CAR）等］，强化其功能，再回输给患者[21]。另一策略是利用分子药物，在患者体内刺激免疫反应[22]。两种策略对多数患者无效，但对少数患者有特效，表现出巨大的医疗潜力，因此催生了 2018 年诺贝尔生理学或医学奖。如何优化免疫疗法，是热点医学问题。CD8 T 细胞是关键的抗肿瘤细胞。在肿瘤抗原的刺激下，初始 CD8 T 细胞被激活，分化成效应 / 记忆细胞，以杀死肿瘤细胞。g27-*Hdac7* 在初始 CD8 T 细胞中严重减少，但在效应 / 记忆 CD8 T 细胞中明显恢复（比较图 6-4B 中，第 33 号组织和第 24 ～ 25 号组织），提示 *Hdac7* 的敲除能促进 CD8 T 细胞的激活和分化。由此推测，敲除人类 CAR T 细胞中的 *Hdac7*，能提高其抗癌功能（促进细胞因子分泌和杀伤肿瘤细胞等）。令人兴奋的是，这被实验证实（图 6-5A ～ D）。

同时，本研究发现，g27-*Hdac7* 对内脏细胞丰度无明显影响（图 6-5E），提示 *Hdac7* 小分子拮抗剂可抑制肿瘤细胞增殖，并且无明显毒性。的确，相关文献报道，在乳腺癌小鼠模型中，*Hdac7*（以及其他几个同类酶）的拮抗剂 TMP195 可安全有效地抑制肿瘤细胞的增殖，过程伴随着 CD8 T 细胞的激活[23]。值得指出的是，这项工作还发现 TMP7 导致的 CD8 T 细胞激活需要巨噬细胞介导，但这当然不能排除 TMP7 对 CD8 T 细胞还有直接作用，因此与本研究并不矛盾。

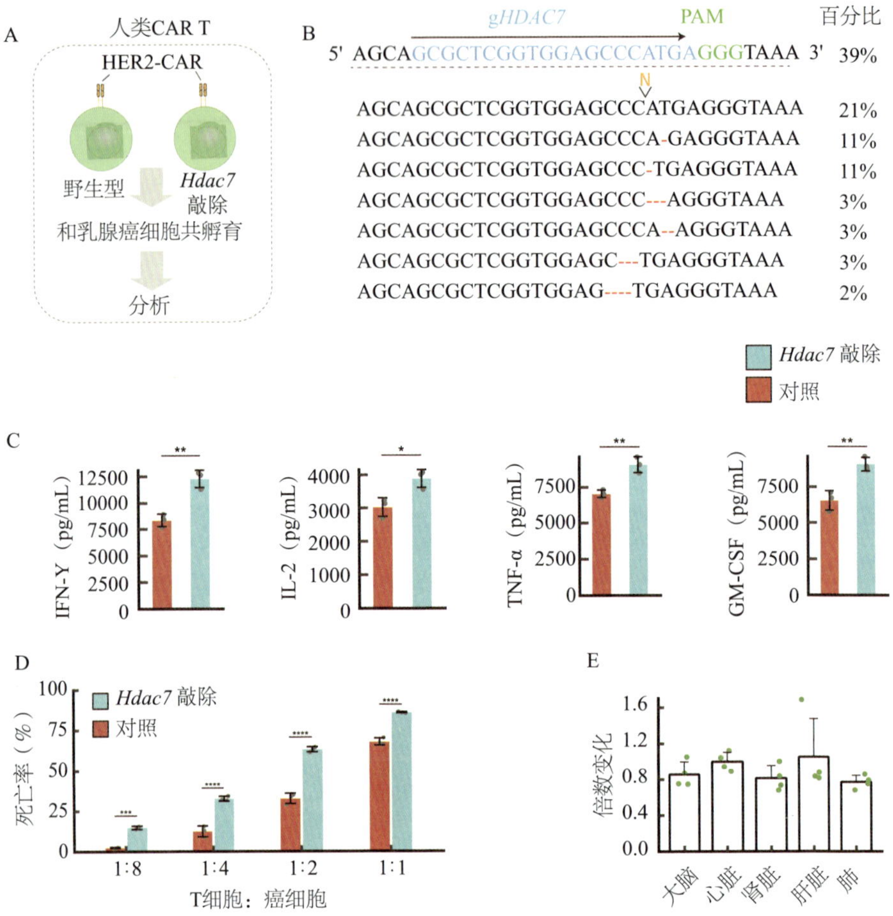

图 6–5 *Hdac7* 敲除对人类 CAR T 细胞功能的影响

注：A. 实验流程示意，从健康人外周血中分离 T 细胞，制备 HER2-CAR T，利用 Cas9 敲除 *Hdac7*，再将细胞与癌细胞共培养，分析 CAR T 细胞的细胞因子表达水平与肿瘤杀伤力；B. *Hdac7* 位点的编辑状态，敲除 *Hdac7* 后，用 PCR 放大相关序列，进行二代测序，发现只有 39% 的序列未被编辑，其余序列都出现插入或缺失突变，其中大部分是移码突变；C. *Hdac7* 敲除对 CAR T 细胞因子表达的影响；TNF-α 是肿瘤坏死因子 -α(tumor necrosis factor-α)、IFN-Y 是干扰素 -Y（interferon-Y）、GM-CSF 是粒细胞巨噬细胞刺激因子（granulocyte-macrophage colony–stimulating factor）、IL-2 是白细胞介素 -2（interleukin-2）的英文简写。D. *Hdac7* 敲除对 CAR T 杀癌功能（表现为癌细胞死亡率）的影响；E. *Hdac7* gRNA 对 iMAP-100 鼠内脏细胞活性的影响（数据取自图 6–4B 的扰动图）。

总结

本研究将CRISPR-Cas和Cre-Lox这两大底层技术融合成突破性的基因解码体系iMAP，并利用iMAP描绘了微型扰动图，快速揭示了90个基因分别对39种组织存活、增殖、分化的调控功能，发现了多个潜在药靶。简单、通俗地说，iMAP的解码速度比传统单敲技术高出大约100倍，相当于汽车（时速100 km）与慢行（时速1 km）的区别。论文发表后，引起了广泛关注。原位CRISPR筛选的先驱、斯坦福大学教授蒙特·温斯洛（Monte Winslow）在《细胞报告方法》（*Cell Reports Methods*）上发表题为“用于分析基因功能的一种镶嵌体小鼠模型”的文章，全面评述iMAP，强调了其创新性以及在揭示发育、稳态和疾病机制方面的价值和前景[24]。《自然生物技术》（*Nature Biotechnology*）和《自然结构与分子生物学》（*Nature Structural and Molecular Biology*）都在“研究亮点”（Research Highlights）中介绍了iMAP。在国内外，学术杂志《遗传学》和大量科技、公众媒体也对iMAP进行了报道，包括《麻省理工科技评论》《中国科学报》、iNature、BioArt、奇点网、《新民晚报》《文汇报》、中新社、澎湃新闻、浦东发布等。

发展前景与展望

iMAP应用广泛，未来至少有以下研究方向。首先，iMAP可用于描绘单细胞水平的全景扰动图。在战略上，随着iMAP和微型扰动图的问世和高通量单细胞测序、计算生物学、人工智能等尖端技术的飞速发展，全景图已呼之欲出。但是在战术上，全景图的描绘是规模宏大的工程，需各国科学家的通力合作，而中国应能起关键作用。回顾人类基因组计划，我国仅贡献了 1% 的序列，但过去 20 年我国在生命科学领域取得了惊人的进步，必定能在后基因组时代做出更大贡献。其次，iMAP 可用于揭秘非编码序列、改善家畜和农作物性状等。最后，可将 iMAP 偶联到不同的 CRISPR 技术平台，以拓展其应用场景；这些平台包括 CRISPRa（激活基因表达）、CRISPRi（沉默基因表达）、碱基编辑器（引入或修正点突变）和 Cas13（降解 RNA），后者很适合揭秘非编码 RNA[25-28]。

原创技术刚问世时，一般都不成熟，iMAP 也不例外。例如，iMAP 通量目前是 100 基因 / 品系，需多达 200 个品系才能覆盖全基因组的 2 万基因，这妨碍了全景图的描绘。但 iMAP 应该有较大的提升空间。本课题组目前正试图将通量提高 10 倍，这将极大地赋能 iMAP，类似变汽车为飞机（时速由 100 km 变为 1000 km）。

破解生命天书，是 21 世纪生命科学光荣而艰巨的历史使命。在一代又一代（尤其是年轻一代）科学家的共同努力下，也许在不久的将来，人类就能完成这一使命，最终使人类健康水平发生质的飞跃，实现其千古梦想。

参考文献

[1] Jones R C，Karkanias J，Krasnow M A，et al. The Tabula Sapiens：A multiple-organ，single-cell transcriptomic atlas of humans [J]. Science，2022，376（6594）：l4896.

[2] Smith C，Bergman P，Hagey D W. Estimating the number of diseases-the concept of rare，ultra-rare，and hyper-rare [J]. iScience，2022，25（8）：104698.

[3] Santos R，Ursu O，Gaulton A，et al. A comprehensive map of molecular drug targets [J].

Nature Reviews Drug Discovery，2017，16（1）：19–34.
［4］Hall B，Limaye A，Kulkarni A B. Overview：generation of gene knockout mice［J］. Current Protocols in Cell Biology，2009，9（19）：12–19.
［5］Collins F S，Finnell R H，Rossant J，et al. A new partner for the international knockout mouse consortium［J］. Cell，2007，129（2）：235.
［6］Collins F S，Rossant J，Wurst W. A mouse for all reasons［J］. Cell，2007，128（1）：9–13.
［7］Kim H，Kim M，Im S K，et al. Mouse Cre-LoxP system：general principles to determine tissue-specific roles of target genes［J］. Laboratory Animal Research，2018，34（4）：147–159.
［8］Wang J Y，Doudna J A. CRISPR technology：A decade of genome editing is only the beginning［J］. Science，2023，379（6629）：d8643.
［9］Doench J G. Am I ready for CRISPR？ A user's guide to genetic screens［J］. Nature Reviews Genetics，2018，19（2）：67–80.
［10］Wang H，Yang H，Shivalila C S，et al. One-step generation of mice carrying mutations in multiple genes by CRISPR/Cas-mediated genome engineering［J］. Cell，2013，153（4）：910–918.
［11］Shen B，Zhang J，Wu H，et al. Generation of gene-modified mice via Cas9/RNA–mediated gene targeting［J］. Cell Research，2013，23（5）：720–723.
［12］Kuhn M，Santinha A J，Platt R J. Moving from *in vitro* to *in vivo* CRISPR screens［J］. Gene and Genome Editing，2021（2）：100008.
［13］Liu B，Jing Z，Zhang X，et al. Large-scale multiplexed mosaic CRISPR perturbation in the whole organism［J］. Cell，2022，185（16）：3008–3024.
［14］Baranoski J F，Kalani M Y，Przybylowski C J，et al. Cerebral cavernous malformations：review of the genetic and protein-protein interactions resulting in disease pathogenesis［J］. Frontiers in Surgery，2016，11（3）：60.
［15］Graziotto J J，Farkas M H，Bujakowska K，et al. Three gene-targeted mouse models of RNA splicing factor RP show late-onset RPE and retinal degeneration［J］. Investigative Ophthalmology & Visual Science，2011，52（1）：190–198.
［16］Ross J A，Nagy Z S，Kirken R A. The PHB1/2 phosphocomplex is required for mitochondrial homeostasis and survival of human T cells［J］. The Journal of Biological Chemistry，2008，283（8）：4699–4713.

[17] Hart T, Tong A, Chan K, et al. Evaluation and design of genome-wide CRISPR/SpCas9 knockout screens [J]. G3 (Bethesda), 2017, 7 (8): 2719–2727.

[18] Onda H, Lueck A, Marks P W, et al. Tsc2 (+/−) mice develop tumors in multiple sites that express gelsolin and are influenced by genetic background [J]. The Journal of Clinical Investigation, 1999, 104 (6): 687–695.

[19] Ren S, Luo Y, Chen H, et al. Inactivation of Tsc2 in mesoderm-derived cells causes polycystic kidney lesions and impairs lung alveolarization [J]. The American Journal of Pathology, 2016, 186 (12): 3261–3272.

[20] Fan J, Tian L, Huang S, et al. Derlin-1 promotes the progression of human hepatocellular carcinoma via the activation of AKT pathway [J]. OncoTargets and Therapy, 2020, 6 (13): 5407–5417.

[21] Singh A K, McGuirk J P. CAR T cells: continuation in a revolution of immunotherapy [J]. The Lancet Oncology, 2020, 21 (3): e168–e178.

[22] Kerr W G, Chisholm J D. The next generation of immunotherapy for cancer: small molecules could make big waves [J]. Journal of Immunology, 2019, 202 (1): 11–19.

[23] Guerriero J L, Sotayo A, Ponichtera H E, et al. Class Ⅱ a *HDAC* inhibition reduces breast tumours and metastases through anti-tumour macrophages [J]. Nature, 2017, 543 (7645): 428–432.

[24] Cai H, Winslow M M. A new system for multiplexed mosaic analysis of gene function in the mouse [J]. Cell Reports Methods, 2022, 2 (9): 100295.

[25] Kampmann M. CRISPRi and CRISPRa screens in mammalian cells for precision biology and medicine [J]. ACS Chemical Biology, 2018, 13 (2): 406–416.

[26] Chen P J, Liu D R. Prime editing for precise and highly versatile genome manipulation [J]. Nature Reviews Genetics, 2023, 24 (3): 161–177.

[27] Liu Y, Mao S, Huang S, et al. REPAIRx, a specific yet highly efficient programmable A > I RNA base editor [J]. The EMBO Journal, 2020, 39 (22): e104748.

[28] Huang X, Lv J, Li Y, et al. Programmable C-to-U RNA editing using the human APOBEC3A deaminase [J]. The EMBO Journal, 2020, 39 (22): e104741.

07 揭秘多细胞生物自噬起始的分子机制

张　慧　郑巧霞　张　宏

引　言

古人云，一屋不扫何以扫天下。其义为，如果连一间屋子都打扫不干净，如何能够治理天下？人如此，细胞亦如是。人体的细胞也需要不断地清扫冗余垃圾。自噬过程在细胞中就扮演着“清道夫”的角色，通过形成一种称为自噬体的双层膜囊泡状结构，包裹细胞质的组分（如堆积的垃圾），并将其运送到细胞内具有降解作用的细胞器——溶酶体里，进行降解和回收。因此，自噬过程既进行“垃圾处理”，也进行“废品回收”。自噬与衰老、分化、发育、病菌入侵及多种人类重大疾病（如神经退行性疾病、糖尿病和肿瘤）的病理过程息息相关，是机体重要的防御机制。但是，揭示决定自噬体形成的信号，却是自噬领域一个悬而未决的难题。

本研究表明，内质网表面发生的钙瞬变是决定自噬体形成的关键信号，极大地促进了人们对自噬分子机制的理解，探究内质网钙稳态失衡与自噬异常在神经退行性疾病等相关疾病发生发展中的作用有重要意义。

研究背景

自噬的发现始于20世纪50年代，科学家在电子显微镜下观察到肝脏细胞内存在一类单层或双层的囊泡状膜结构，这些膜结构内包含着部分胞质成分以及各种细胞器[1]。托马斯·阿什福德（Thomas Ashford）和基斯·波特（Keith Porter）注意到在胰高血糖素（glucagon）的刺激下，大鼠肝细胞（hepatocytes）溶酶体里包含处于不同降解阶段的线粒体[2]。这些现象表明溶酶体除了降解内吞物，还可以降解自身胞内物质。1963年，比利时科学家克里斯汀·德·迪夫（Christian de Duve）首次提出自噬（autophagy）的概念，即“自己吃自己”[3]，并称这种双层膜结构为自噬体（autophagosome）。

随后，人们利用电子显微镜开展自噬过程的形态学观察，使自噬过程逐渐明朗。自噬体的初始结构为隔离膜（isolation membrane，IM），自噬体与内吞体（endosome）融合为中间结构自噬液泡囊泡（amphisome），最终形成自噬溶酶体（autolysosome）等亚细胞结构[4, 5]。至此，人们将自噬过程归纳为自噬的诱导、隔离膜形成扩展和闭合、自噬体与内吞体及溶酶体融合、自噬溶酶体降解以及大分子物质的循环再利用（图7-1）。

在自噬过程被发现后的30年中，因缺乏合理的研究体系，人们一直没有鉴定出参与自噬过程的关键因子。因此，人们对自噬分子机制知之甚少。直到1997年，日本科学家大隅良典（Yoshinori Ohsumi）的研究团队发现，在饥饿条件下，酵母菌的液泡内聚集了大量的自噬小泡结构，从而建立了以酵母为研究对象的自噬遗传模型，开启了自噬分子机制的研究。利用酵母模型，科学家鉴定了第一个酵母自噬基因，将其命名为*apg1*（之后被命名为autophagy related gene 1，*ATG1*）[6]。随后，大隅良典团队和美国丹尼尔·克利昂斯基（Daniel

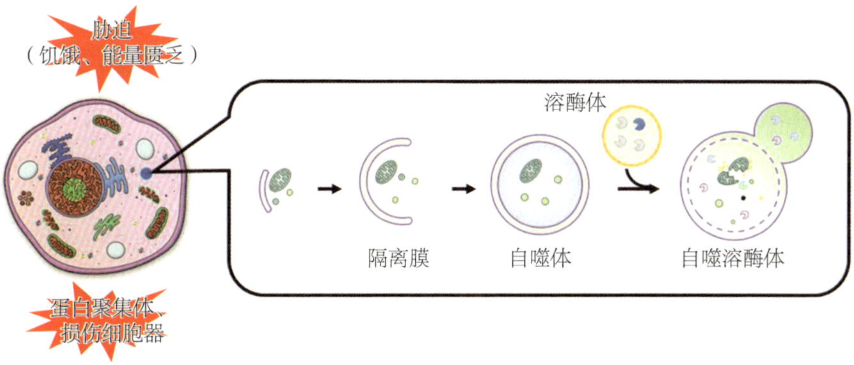

图 7-1 自噬过程示意图

Klionsky）等团队利用酵母的遗传筛选，陆续鉴定了 30 多个自噬相关基因。这些基因编码的蛋白质参与自噬体形成的不同步骤，构成了自噬通路的核心组分。至此，细胞自噬的分子机制逐步被揭示，鉴于大隅良典先生在细胞自噬分子机制方面做出的杰出贡献，2016 年他获得了诺贝尔生理学或医学奖。

随后，人们在多种生物体（如拟南芥、果蝇、小鼠及哺乳动物细胞系等）中对自噬开展了广泛的研究，发现自噬过程具有高度保守性。酵母中的 *Atg* 基因在多细胞生物中也高度保守，酵母自噬的研究极大地促进了多细胞生物自噬的研究。然而，多细胞生物自噬远比酵母自噬复杂，包括酵母自噬不存在的特有步骤。比如，在酵母中，隔离膜在液泡（类似于多细胞生物中的溶酶体）膜上起始形成，另外自噬体直接与液泡融合降解包裹物。而在多细胞生物体内，隔离膜在内质网的多个位点同时产生，并在延伸过程中与内质网动态互作；多细胞生物自噬体的膜来源也更广泛；而且多细胞生物自噬体须先经过成熟过程，即自噬体须经过与内吞体融合、逐渐酸化的过程，最终形成有降解活性的自噬溶酶体。但是，人们对多细胞生物中这些特有自噬步骤的分子机制却知之甚少。

20 世纪 80 年代，生物学家发现线虫胚胎发育中来源于卵母细胞的细胞命运决定因子 P 颗粒，只存在于能产生生殖细胞的谱系中。这一不对称分布现象的机制，长期困扰着发育生物学家。张宏团队在研究线虫胚胎发育过程时，发现 P 颗粒的蛋白组分 P 颗粒蛋白 1（P granule 1，PGL-1）和 PGL-3 在早期不对称分裂中也被分离到体细胞，但很快被自噬体选择性清除。在自噬缺陷突变体胚胎中，PGL 蛋白在体细胞中聚集成大量的 PGL 颗粒（图 7-2）[7]。这一发现揭开了困扰

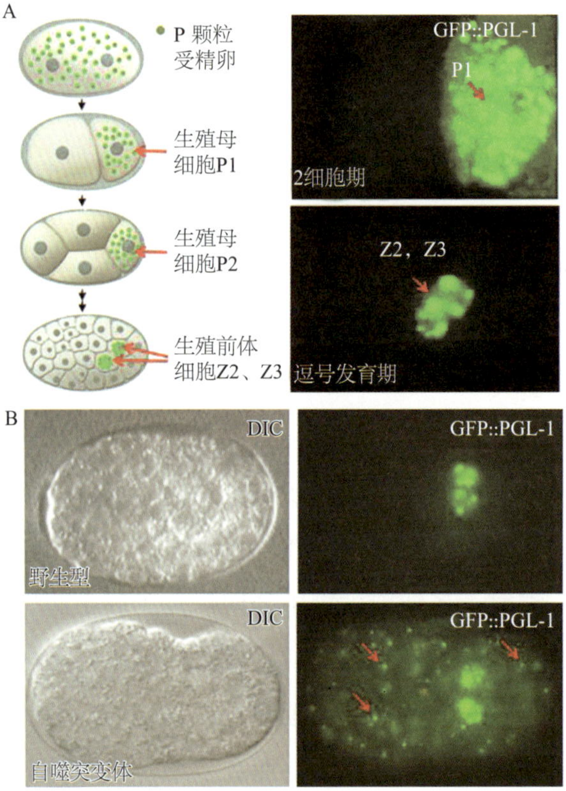

图 7-2　以线虫为研究对象的多细胞生物自噬遗传模型

注：A. 细胞命运决定因子 P 颗粒在线虫不对称发育过程示意，GFP 是绿色荧光蛋白（green fluorescent proteins）的英文简写；B. P 颗粒组分 PGL 蛋白在野生型和自噬突变体中的分布情况，DIC 是微分干涉相差显微技术（differential interference contrast）的英文简写。

发育生物学多年的谜团，为胚胎不对称发育现象提供了全新的解释。

源于这次意外的发现，张宏团队开创性地建立了可用于遗传筛选的多细胞生物自噬研究体系。基于自噬降解 PGL 颗粒这一模型，张宏团队进行了大规模的遗传筛选，鉴定了一系列在酵母中不存在，但在多细胞生物中保守的新自噬基因，并将其命名为 PGL 异位表达颗粒（ectopic PGL granules，*EPG*）基因[8]。进一步研究发现，这些新基因在多细胞生物自噬的不同阶段发挥着重要作用，极大地促进了人们对多细胞生物自噬分子机制的理解。

自噬可以通过清除胞内有害或者冗余的蛋白聚集体，来维持细胞的正常功能。多种神经退行性疾病患者的神经细胞中，均呈现不同的蛋白聚集体异常累积。先前研究表明，在自噬基因（如 *Atg5* 或者 *Atg7*）敲除的小鼠体内，蛋白聚集体在神经细胞中大量累积，并导致广泛性神经退行性死亡。张宏团队构建了多个 *EPG* 基因敲除小鼠，深入研究这些新自噬基因在神经细胞中的功能。研究发现，在自噬不同步骤起作用的 *EPG* 基因敲除小鼠，呈现不同类型的神经退行性病变。比如，参与自噬体成熟过程的 *EPG5* 敲除小鼠呈现运动神经元选择性死亡，表现出晚发性进行性肌萎缩等渐冻症的症状[9]。人类遗传学研究发现，*EPG5* 基因突变导致一种罕见的多系统紊乱疾病维西综合征（Vici syndrome，Vici 综合征）。*EPG5* 敲除小鼠表现出类似 Vici 综合征患者的神经系统和肌肉系统改变[9]。*EPG4* 的同源基因依托泊苷诱导蛋白 24（etoposide induced protein 24，*Ei24*）是自噬体形成所必需的。*Ei24* 神经特异敲除小鼠出现严重行为障碍，及多种类型的神经细胞退行性死亡[10]。这些基于线虫和小鼠模型的研究，对于阐明由新基因突变引起的人类相关疾病的发生机制有重要意义。

至此，科学家通过酵母菌和线虫的遗传筛选，鉴定了几十个参与自噬体形成和成熟过程的因子，奠定了研究细胞自噬过程分子机制的基础。

研究目标

多细胞生物自噬与酵母自噬的一个重要区别在于自噬体形成的位置。酵母自噬体在液泡膜上形成，而多细胞生物自噬体在内质网的多个位点同时形成。在自噬的诱导条件下，多细胞生物中参与自噬体起始的家族相互作用蛋白 200（family interacting protein of 200 kD，FIP200）复合物在内质网上形成凝聚体，进而招募下游的自噬蛋白，从而启动自噬体在内质网上形成[11]。寻找决定自噬体在内质网上形成的信号，是自噬领域一个长期悬而未决的科学问题。

自噬前体结构（隔离膜）和自噬体结构相对较小，隔离膜与内质网间的互作具有高度的动态性，难以观察。先前研究表明，快速的钙离子螯合剂可以抑制自噬体的形成，慢速的螯合剂不具备这种功能。这提示细胞内一种未知的、动态的、局部的钙信号在自噬体形成的过程中至关重要。已有的钙离子染料探针无法监测自噬体形成的位点，即内质网表面动态的瞬时钙离子变化，因其扩散性质限制了我们观察和研究动态的钙信号在多细胞自噬过程中的作用。本研究将构建特异的荧光探针，并结合多模态超分辨活细胞成像系统（modal structured illumination microscopy，Multi-SIM），探究钙离子的变化是如何调节自噬体在内质网上形成的。

研究内容

本团队研究发现，自噬诱导条件下引起的内质网表面亚微空间的钙离子浓度梯度以及瞬时变化，是决定自噬体形成的关键信号。内质网表面的钙瞬变受多细胞生物特有自噬因子 EPG4/EI24 的调控。本研究结合 Multi-SIM，观察内质网表面亚微空间钙信号诱导自噬起始复合物形成凝聚体的过程。该研究成果发表在（*Cell*）《细胞》杂志上。

本研究的主要内容可以分为 3 个方面：①寻找启动自噬体在液泡或内质网上形成的信号；②研究该信号如何调控自噬起始复合物的形成；③研究新自噬蛋白如何调控该信号。

研究成果

1. 内质网表面钙瞬变控制自噬体的形成

钙离子（Ca^{2+}）是结构简单且分布广泛的一种细胞信号物质，是人体最重要的元素之一，还是重要的细胞第一信使和第二信使，调节着多种细胞活动。例如，钙信号调控细胞的增殖与死亡，调节激素分泌、神经传递物质释放和肌肉收缩等多种生理生化过程。

人体绝大多数的钙以“结合钙”的形式分布在骨骼、牙齿、指甲和头发中，而剩下约 1% 的钙则以“自由钙”的形式分布在软组织、细胞、血液和细胞外液中。虽然这部分钙占比很小，但却有重要的生理意义。在正常情况下，细胞外液中钙离子的浓度为 1 ～ 2 mmol/L，细胞内钙离子浓度约为 100 nmol/L，胞内不同细胞器内的钙离子浓度也差异很大（图 7-3）。

细胞膜及内部细胞器的膜结构上锚定着多种离子通道、泵和交换体，它们协调运作就像闸门一样，严密控制着钙离子的进入和释放

（图 7-3）。正是这些离子通道、钙泵以及交换体的作用，造就了自由钙离子浓度在胞浆、细胞器以及细胞器—胞浆的亚微区间存在多尺度、多层次、跨量级的时空动态变化。这些动态的钙离子浓度变化编码复杂的生物学信号。例如，在正常情况下，内质网中自由钙离子的浓度约为 500 μmol/L，与细胞内自由钙离子浓度之间存在几千倍的浓度差。内质网上分布着丰富的钙离子通道和钙离子调控蛋白，参与钙离子从内质网释放到胞浆的途径主要有雷诺丁受体（ryanodine receptors，RyRs）、1，4，5- 三磷酸肌醇受体（inositol 1，4，5-trisphosphate receptors，IP3Rs）以及钙离子漏流通道（如 Sec61 复合物）。

进入胞浆的钙离子一方面由质膜上的钠钙交换体（Na^+-Ca^{2+}

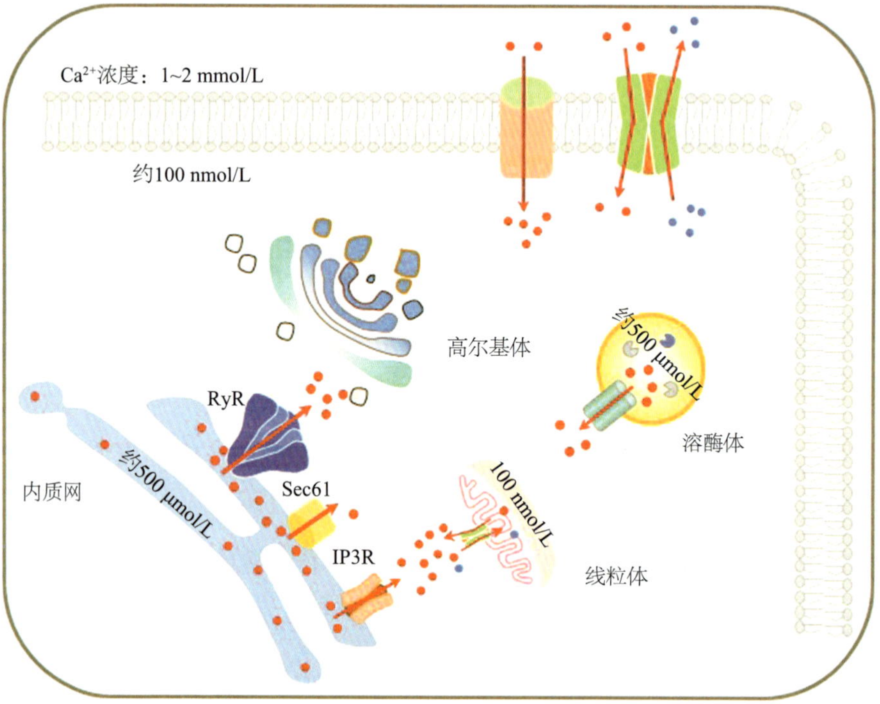

图 7-3　不同细胞器中 Ca^{2+} 的浓度

exchanger，NCX）和质膜上的钙通道（plasma membrane Ca^{2+} channel，PMC）排出；另一方面由内质网/肌浆网上的 Ca^{2+}-ATP 酶（sarco/endoplasmic reticulum Ca^{2+}-ATPase，SERCA）回收到内质网钙库[12]，还有一少部分进入线粒体。

由于内质网钙离子浓度与细胞质钙离子浓度存在上万倍的巨大差异，当内质网膜上的钙离子释放通道打开时，内质网外膜 10 ～ 20 nm 的亚微空间便会形成一个特殊区域。该区域的钙离子浓度低于内质网内膜，而远高于胞浆。此区域内局部钙离子浓度的变化构成了关键的纳米钙信号结构和功能单元，众多生物学过程也在这个区域发生。例如，该区域是自噬体形成的摇篮[13]。

化学试剂氨基苯乙烷四乙酸（aminophenethane tetraacetic acid，BAPTA）和乙二醇二乙醚二胺四乙酸（ethylene glycol tetraacetic acid，EGTA），都是常用的钙离子螯合剂。它们分别加上酯基丙烯酰胺（acrylamide，AM）基团之后能进入细胞，降低胞浆钙离子水平。但是，BAPTA 结合钙离子的速度比 EGTA 快 100 倍，故而 BAPTA 能更有效地降低局部或（和）快速变化的钙离子[14]。本研究首先发现钙离子快速螯合剂 BAPTA-AM 可以抑制自噬起始，但这一过程不能被慢速钙离子螯合剂 EGTA-AM 阻断。这提示快速的、局部的钙离子变化，而非稳态的钙离子浓度变化，可能参与了自噬起始过程（图 7-4）。

在多细胞生物中，自噬起始 FIP200 复合物在内质网上形成凝聚体，启动自噬体的形成，结合 BAPTA-AM 与 EGTA-AM 差异性调控自噬起始这一现象。本研究构建了 CYB5 蛋白内质网跨膜结构域与快速钙离子探针 GCaMP6f 的融合蛋白[15]，将 GCaMP6f 定位于内质网外膜表面朝向胞浆侧的亚微空间，以检测内质网外膜表面钙离子浓度的变化（图 7-5）。利用 Multi-SIM，本研究成功地探测到自噬起始

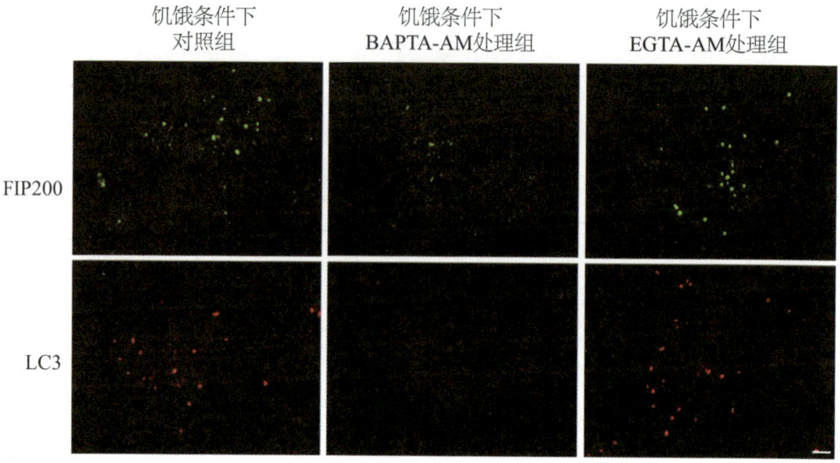

图 7-4　饥饿诱导条件下，对照组细胞和钙离子螯合剂处理的细胞中 FIP200 复合物的形成情况

注：BAPTA-AM 是快速钙离子螯合剂，EGTA-AM 是慢速钙离子螯合剂；BAPTA-AM 处理细胞后，自噬起始 FIP200 复合物形成的凝聚体以及微观相关轻链蛋白 3（light chain 3，LC3）标记的自噬结构明显减少，表明快速的、局部的钙离子变化而非稳态的钙离子浓度变化，参与了自噬起始过程；比例尺为 5 μm。

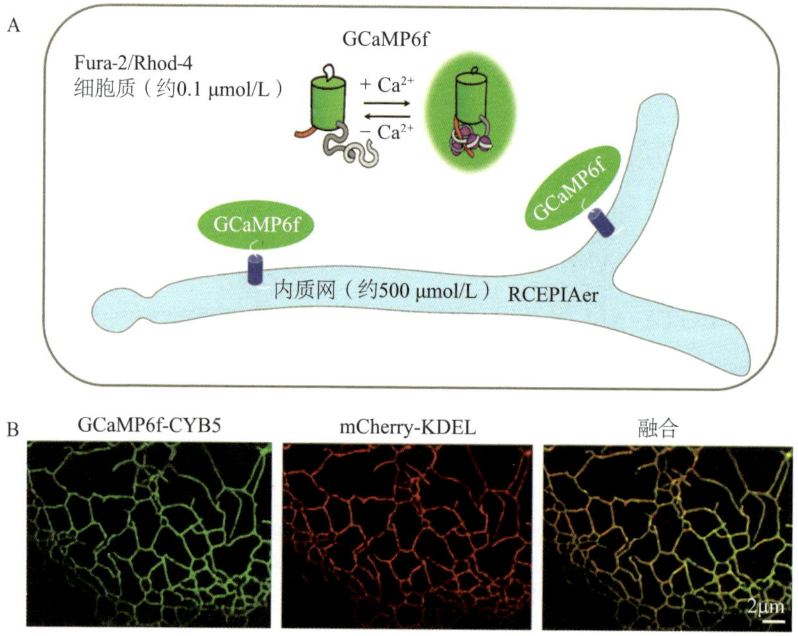

图 7-5　GCaMP6f-CYB5 快速钙离子探针的构建示意图（A）及其在内质网上的定位情况（B）

注：Fura-2 与 Rhod-4 是常用的胞浆钙检测染料，GCaMP6f 是基因编码的快速钙离子探针，RCEPIAer 是基因编码的内质网内部子探针，GCaMP6f 结合钙离子之后瞬间发生构象变化，可以增加 10 倍左右的荧光值。

过程中内质网外膜纳米空间内丰富多样的钙信号动态变化。

本研究发现在饥饿或 Torin1（mTOR 抑制剂，诱导自噬发生）处理等自噬诱导条件下，内质网表面发生钙瞬变 / 钙振荡，且这些钙信号能被 BAPTA-AM 阻断（图 7-6 和图 7-7）。本研究将 COS7 细胞在不同自噬诱导条件下［正常对照组、汉克平衡盐溶液（Hanks' balanced salt solution，HBSS）饥饿处理组、氨基酸饥饿处理组、Torin1 处理组］进行连续 300 s 的 GCaMP6f-CYB5 Multi-SIM 成像，并对 300 s 内 GCaMP6f-CYB5 信号的幅值、频率进行叠加，得到内质网外膜局部空间内钙离子信号在自噬诱导条件下的 3D 时空图。结果表明，在上述自噬诱导过程中，内质网外膜局部空间发生丰富多样的钙离子信号变化，而这些信号会被快速钙离子螯合剂 BAPTA-AM 抑制，同时自噬也不会再发生。

由于 BAPTA-AM 可以螯合细胞内多种结构和区间内的钙离子，

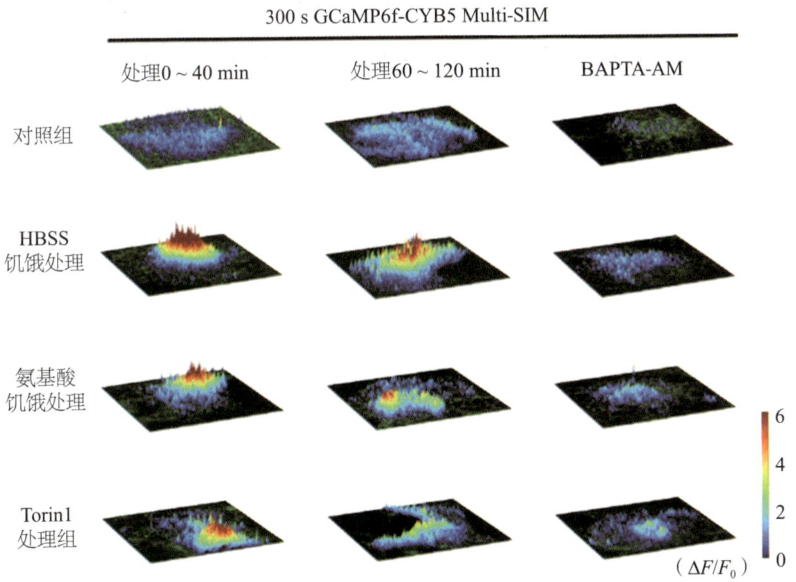

图 7-6 Multi-SIM 分析不同刺激条件下钙离子浓度变化的 3D 时空图

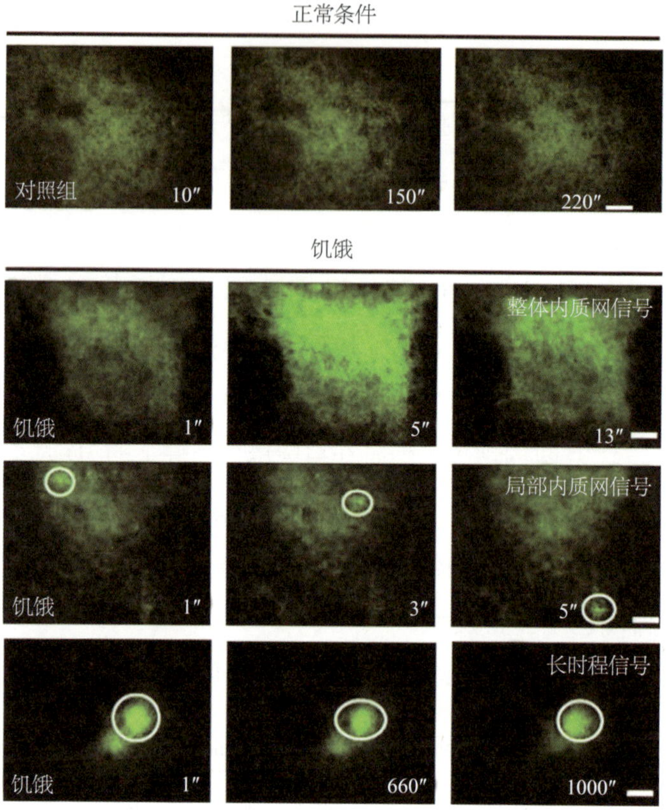

图 7-7 自噬诱导条件下，内质网上形成的多种形式的钙信号动态变化

缺乏内质网特异性。本研究进一步探讨内质网表面钙释放对于自噬的起始到底是不是必需的？或者说，自噬的起始是否仅仅是内质网表面的钙释放，是否还有其他途径的钙离子参与？本研究发现内质网钙离子通道释放抑制剂（channel release inhibitor，RCI）处理的内质网钙离子释放通道蛋白 *IP3R2/3* 敲低的细胞中，内质网外膜钙瞬变显著降低[16，17]，同时参与自噬起始过程的 FIP200 和 LC3 点状结构也都大幅度降低（图 7-8 A 和 B）。至此，本研究明确了内质网表面纳米空间内的钙离子快速变化是决定自噬起始的关键。

内质网表面钙瞬变是自噬体形成的必要条件，那么如果内质网表面钙瞬变过多，又会有什么样的效果呢？利用内质网钙离子通道激活剂（calcium channel activator，RCA）处理细胞，会诱发内质网表面持续性的钙瞬变，与静息态（即未处理）的细胞相比，其幅值更大、持续时间更久、频率更高。检测发现 RCA 处理后，FIP200 和 LC3 的点状结构显著增加（图 7-8 C 和 D），但自噬流是被抑制的。这表明内质网外膜上持续的钙振荡会导致自噬体结构的形成，但功能是缺陷的。

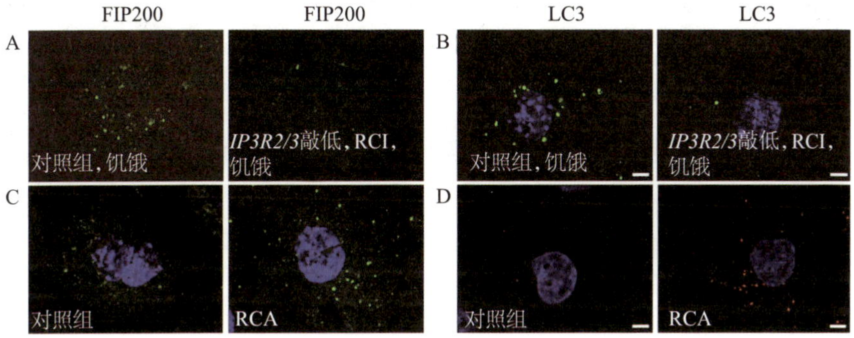

图 7-8 化学试剂处理钙离子通道后自噬起始的变化

2. 新自噬蛋白 EPG-4/EI24 控制内质网表面钙瞬变 / 钙振荡的幅值、频率和持续时间

本研究前期利用线虫作为模式生物进行遗传筛选，发现了多个多细胞生物特有的新自噬基因，包括参与自噬体形成的 *epg-4*（在哺乳动物中的同源基因为 *Ei24*）。本团队的前期研究发现特异性敲除小鼠中枢神经系统的 *Ei24* 基因后，小鼠表现出进行性运动功能障碍的症状。进一步研究发现该小鼠神经元广泛丢失、轴突退行性改变，而且脑内累积大量自噬底物的聚集体[10]。本研究发现类似于 RCA 处理，

EPG-4/EI24 也调控内质网表面钙瞬变 / 钙振荡的幅值、频率和持续时间。即使在正常的培养条件下，在敲除 *EI24* 的细胞中，内质网表面出现持续的钙振荡，而且 *EI24* 敲除细胞中的钙振荡幅度高、频率快、持续时间长（图 7-9）。

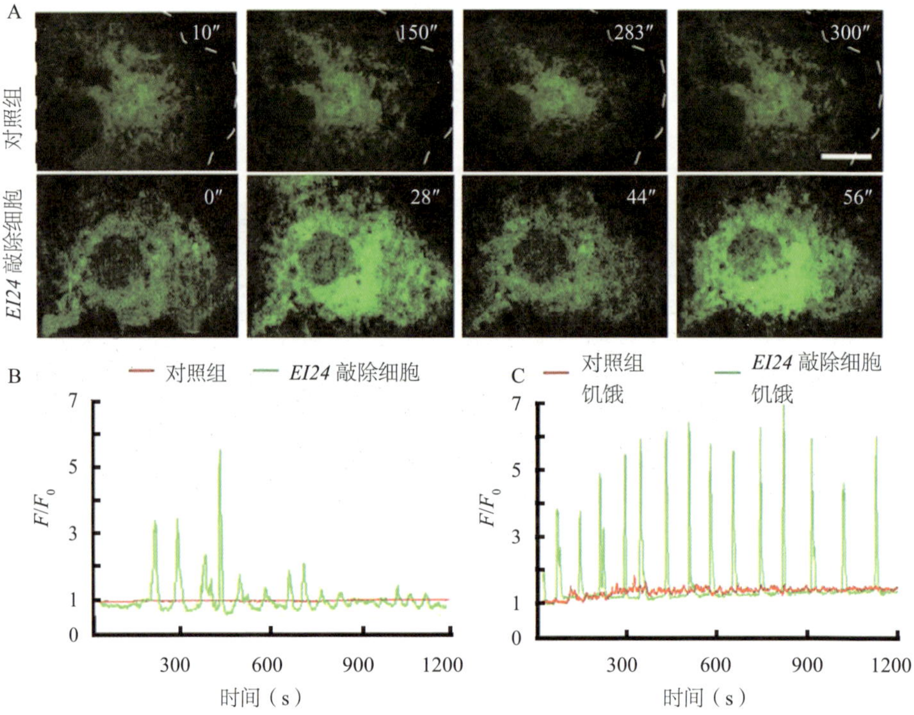

图 7-9　EI24 控制内质网表面钙瞬变 / 钙振荡的幅值、频率和持续时间情况

注：A. 正常对照细胞和 *EI24* 敲除细胞在富营养改良伊格尔培养基（Dulbecco’s modification of Eagle’s medium，DMEM）中培养的内质网外膜钙信号图，比例尺为 5 μm；B 和 C. 正常对照细胞和 *EI24* 敲除细胞在 DMEM 中培养（B）和在饥饿条件下（C）的内质网外膜钙信号时间序列曲线。

同时，本研究发现在 *EI24* 敲除细胞中，FIP200 复合物形成的凝聚体以及 WD 重复结构域磷酸肌苷相互作用蛋白 2（WD repeat domain phosphoinositide interacting protein 2，WIPI2）等标记的早期自噬结构数目显著增加。在电子显微镜下观察发现，与正常细胞相比，*EI24* 敲除细胞中形成的自噬体结构显著变小而且不能闭合（图 7-10），表明内质网表面钙的持续增高影响了自噬体的延伸及闭合过程。

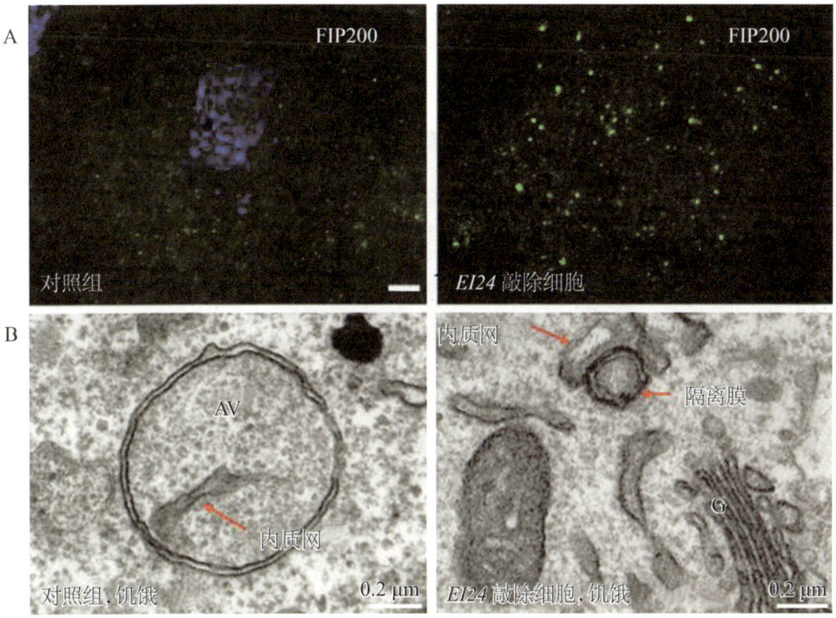

图 7-10　正常细胞和 *EI24* 敲除细胞中自噬体在细胞间接免疫荧光（A）和电子显微镜（B）下的不同形态

注：A. 细胞间接免疫荧光显示，*EI24* 敲除细胞中自噬受阻，FIP200 复合物形成的凝聚体大量累积，比例尺为 5 μm；B. 电子显微镜图片显示，与对照组相比，*EI24* 敲除细胞中，形成的自噬体结构显著变小而且不能闭合，AV 是自噬囊泡（autophagy vacuole）的英文简写。

内质网钙离子释放通道抑制剂 RCI 处理或敲低内质网表面钙离子释放通道 *IP3R2*，可以降低 *EI24* 敲除引起的钙瞬变增强并拯救自噬缺陷的表型（图 7-11）。

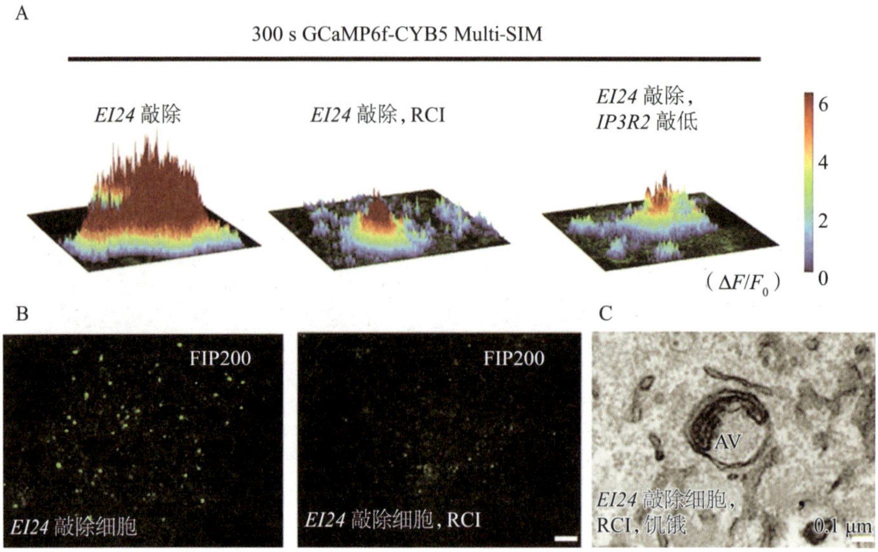

图 7-11　内质网钙离子 RCI 处理后，*EI24* 敲除细胞的自噬缺陷变化

注：A. *EI24* 敲除细胞分别在对照、RCI 处理以及 *IP3R2* 敲低时，Multi-SIM 300 s 内 GCaMP6f-CYB5 信号的时空叠加图；B. *EI24* 敲除细胞中对照以及 RCI 处理后，FIP200 凝聚体的累积情况，比例尺为 5 μm；C. RCI 处理、*EI24* 敲除细胞中自噬体的大小。

3. 钙瞬变诱导自噬起始复合物 FIP200 在内质网上形成凝聚体，从而启动自噬体的形成

那么，内质网表面钙瞬变是如何介导自噬起始的呢？本研究发现当内质网表面发生钙瞬变时，细胞质中弥散分布的 FIP200 会在发生钙瞬变的内质网外膜区域形成凝聚体（图 7-12）。近年来，人们发现蛋白质等生物大分子可以通过液—液相分离，组装成具有明显边界的生物凝聚体。这些 FIP200 凝聚体具有液态的性质，就像多个小水滴定位于内质网表面，两个凝聚体碰到一起时会融合形成一个更大的凝聚体（图 7-13）。因此，本研究发现当钙发生瞬变时，FIP200 复合物发生液—液相分离，形成 FIP200 凝聚体。

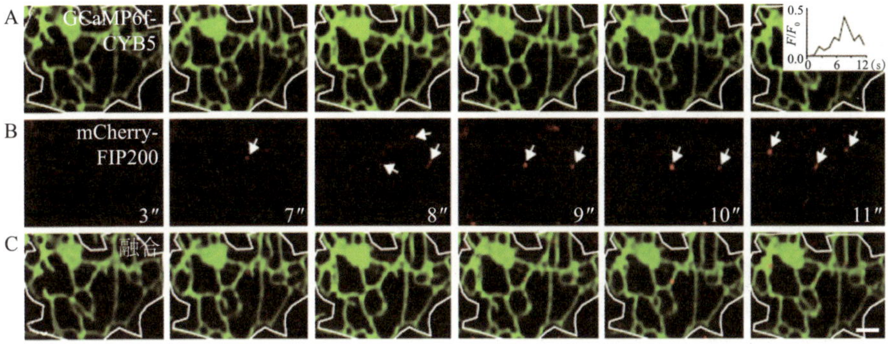

图 7-12 内质网外膜钙瞬变触发 FIP200 复合物发生液—液相分离的动态图

注：A. 正常细胞在饥饿处理时，内质网外膜表面局部发生钙瞬变示意；B. 在钙瞬变发生的内质网外膜上，FIP200 由弥散分布逐渐增大形成小液滴示意，箭头指示 FIP200 的位置；C. A 和 B 的融合图，比例尺为 1 μm。

那么，通过液—液相分离形成的 FIP200 凝聚体是如何定位在内质网上的呢？本团队前期发现，内质网膜蛋白囊泡膜结合蛋白［veside-associated membrane proteins，VAPs（VAPA 和 VAPB）］和内质网塑型蛋白（Atlastin，ATL）2/3 参与调控自噬体的形成[18, 19]。VAPs 直接与自噬蛋白 ULK1（unc-51-like kinase 1）和 FIP200 相互作用，ATL2/3 与自噬蛋白 ATG13 和 ULK1 相互作用，促进 FIP200 复合体在内质网上的招募及动态组装，并参与隔离膜—内质网接触的形成。本研究发现当内质网膜蛋白 VAPs 和 ATLs 同时敲低时，定位于内质网上的 FIP200 凝聚体数量显著降低。这表明内质网膜蛋白 VAPs 和 ATL2/3 可以将 FIP200 凝聚体固定在内质网上，从而诱导自噬体的形成（图 7-14）。

定位于内质网上的 FIP200 凝聚体又是如何起始自噬体形成的呢？LC3 是目前自噬研究中使用最广泛的自噬体分子标志物，它参

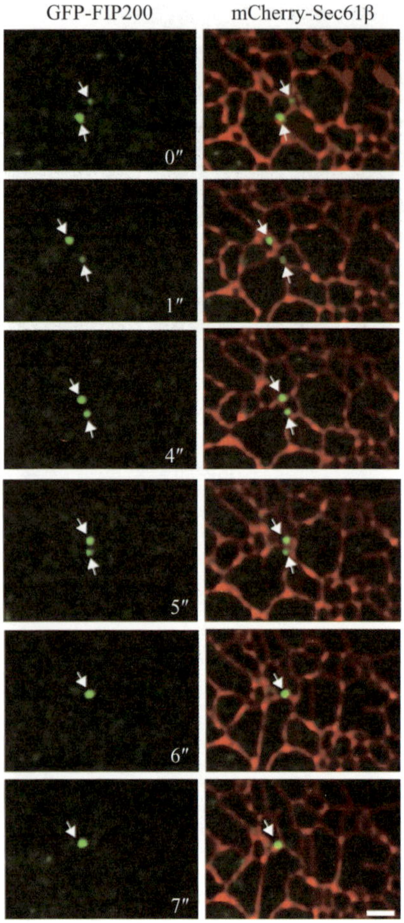

图 7-13　随着时间的推移，位于内质网表面的 FIP200 凝聚体融合的荧光示意图

注：定位于内质网外膜上的 FIP200 凝聚体在内质网上移动，并与其他内质网定位的 FIP200 凝聚体发生融合，形成一个更大的 FIP200 凝聚体，箭头指示 FIP200 的位置，比例尺为 1 μm。

与了从隔离膜结构的起始到自噬体膜结构的延伸和闭合等自噬体形成的全过程。因此，本研究利用 Multi-SIM 系统观察 FIP200 凝聚体和 LC3 标记的自噬体结构空间关系。研究发现从 FIP200 凝聚体形成初期，LC3 标记的隔离膜结构就与凝聚体密切结合；在隔离膜延伸的过程中，LC3 与凝聚体保持着动态接触；当自噬体形成后，即 LC3 显示成一个环状结构，LC3 会脱离内质网，并与 FIP200 凝聚体解离（图 7-15）。至此，本研究明确鉴定了内质网表面钙瞬变是起始自噬的关键因素。

综上，本研究发现在自噬诱导条件下，内质网表面发生的钙瞬变诱导自噬起始 FIP200 复合物发生液—液相分离。形成的 FIP200 凝聚体通过与内质网上的膜蛋白结合而稳定定位于内质网，成为自噬起始位点（图 7-16）。该工作揭示了内质网表面钙瞬变是决定自噬体在内质网上形成的关键信号，从而解决了自噬领域一个长期悬而未决的难题。

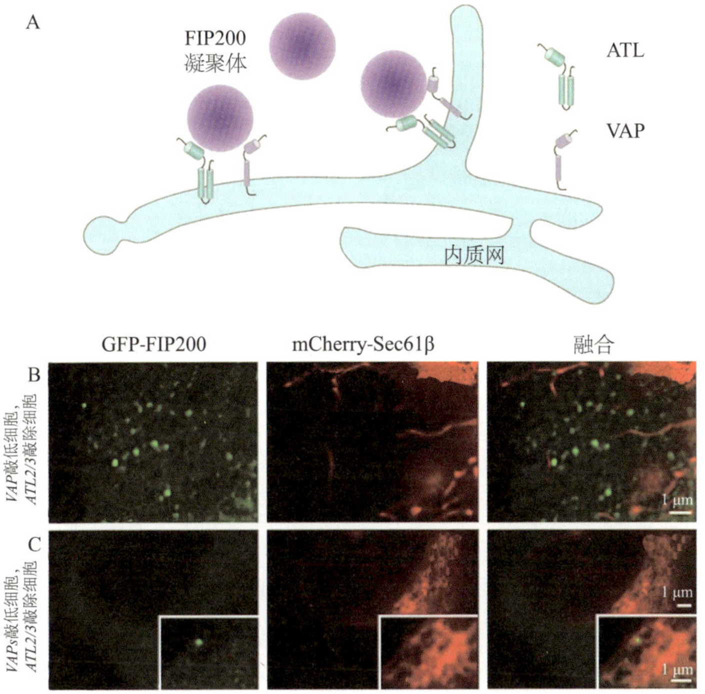

图 7-14　FIP200 凝聚体内质网上的定位情况

注：A. FIP200 凝聚体通过 ATL 以及 VAP 定位在内质网上的模式图；B. 同时敲低 *VAPs* 和敲除 *ATL2/3* 的细胞在饥饿后，FIP200 聚集体与非核周内质网的定位情况；C. 同时敲低 VAPs 和敲除 *ATL2/3* 细胞在饥饿后，在核周内质网密集部位，FIP200 凝聚体的定位情况。

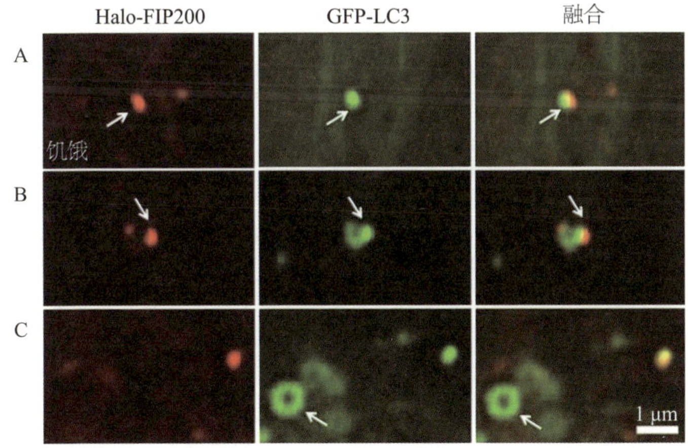

图 7-15　FIP200 凝聚体与自噬体标记蛋白 LC3 的空间定位关系

注：A. FIP200 凝聚体与点状的 LC3 共定位示意；B. 在自噬启始和延伸阶段，FIP200 凝聚体和 LC3 的空间位置关系；C. 自噬体闭合后，FIP200 凝聚体和 LC3 的空间位置关系。

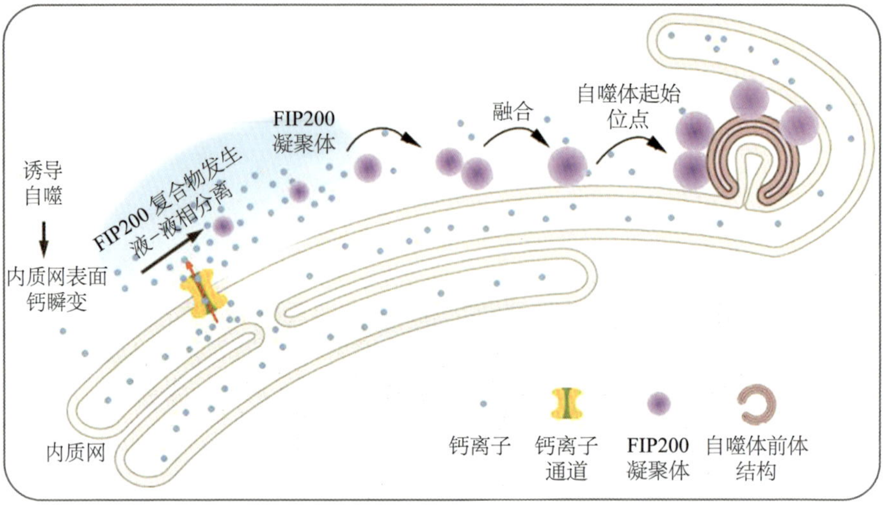

图 7-16　内质网表面钙瞬变诱导自噬起始的模式图

注：自噬诱导时，内质网表面发生钙瞬变，并触发参与自噬起始的 FIP200 复合物发生液—液相分离，形成的 FIP200 凝聚体具有液态的融合性质；FIP200 凝聚体与内质网膜蛋白结合并稳定定位于内质网，构成自噬体起始位点。

总结

自噬是维持细胞稳态平衡的重要途径，在细胞中起到“清道夫”的作用，通过把错误折叠的蛋白质、损伤的细胞器等“垃圾”包裹在自噬体中，并运送到溶酶体进行降解及回收。寻找决定自噬体形成的信号是自噬领域一个长期悬而未决的难题。本研究发现，在自噬诱导的条件下，内质网表面钙瞬变是决定自噬体在内质网上形成的关键信号，极大地促进了人们对多细胞生物自噬分子机制的理解。

发展前景与展望

自噬是细胞的“清道夫”，对维持细胞稳态和抵抗各种应激至关重要，其异常与多种疾病的发生发展密切相关。该项工作揭示了内质网表面钙瞬变是决定自噬体在内质网上形成的关键信号，不仅促进了人们对自噬分子机制的理解，还引发了更多的思考。例如，内质网表面的钙瞬变是如何被诱导并控制的？内质网外表面钙瞬变又是如何诱导 FIP200 复合物相分离的？对这些问题的解析将极大地增进人们对自噬的理解，并对探究内质网钙稳态失衡与自噬异常在神经退行性疾病等相关疾病发生发展中的作用有重要意义。

参考文献

[1] Novikoff A B，Beaufay H，De Duve C. Electron microscopy of lysosome-rich fractions from rat liver[J]. The Journal of Biophysical and Biochemical Cytology，1956，25(2)：179–184.

[2] Ashford T P，Porter K R. Cytoplasmic components in hepatic cell lysosomes [J]. The Journal of Cell Biology，1962，12（1）：198–202.

[3] De Duve C. The lysosome [J]. Scientific American，1963（208）：64–72.

[4] Xie Z P，Klionsky D J. Autophagosome formation：core machinery and adaptations [J]. Nature Cell Biology，2007，9（10）：1102–1109.

[5] Nakatogawa H，Suzuki K，Kamada Y，et al. Dynamics and diversity in autophagy mechanisms：lessons from yeast [J]. Nature Reviews Molecular Cell Biology，2009，10（7）：458–467.

[6] Tsukada M，Ohsumi Y. Isolation and characterization of autophagy-defective mutants of *Saccharomyces cerevisiae* [J]. FEBS Letters，1993，333（1–2）：169–174.

[7] Zhang Y X，Yan L B，Zhou Z，et al. SEPA-1 mediates the specific recognition and degradation of P granule components by autophagy in *C. elegans* [J]. Cell，2009，136（2）：308–321.

[8] Tian Y，Li Z P，Hu W Q，et al. *C. elegans* screen identifies autophagy genes specific to multicellular organisms [J]. Cell，2010，141（6）：1042–1055.

[9] Zhao H Y，Zhao Y G，Wang X W，et al. Mice deficient in *Epg5* exhibit selective

neuronal vulnerability to degeneration [J]. Journal of Cell Biology, 2013, 200 (6): 731-741.

[10] Zhao Y G, Zhao H Y, Miao L, et al. The p53-induced gene *Ei24* is an essential component of the basal autophagy pathway [J]. Journal of Biological Chemistry, 2012, 287 (50): 42053-42063.

[11] Karanasios E, Walker S A, Okkenhaug H, et al. Autophagy initiation by ULK complex assembly on ER tubulovesicular regions marked by ATG9 vesicles [J]. Nature Communications, 2016, 8 (7): 12420.

[12] Hegyi B, Pölönen R P, Hellgren K T, et al. Cardiomyocyte Na^{+} and Ca^{2+} mishandling drives vicious cycle involving CaMK Ⅱ, ROS, and ryanodine receptors [J]. Basic Research in Cardiology, 2021, 116 (1): 58.

[13] Hayashi-Nishino M, Fujita N, Noda T, et al. A subdomain of the endoplasmic reticulum forms a cradle for autophagosome formation [J]. Nature Cell Biology, 2009, 11 (12): 1433-1437.

[14] Li J, Liu C, Li Y, et al. TMCO1-mediated Ca^{2+} leak underlies osteoblast functions via CaMK Ⅱ signaling [J]. Nature Communications, 2019, 10 (1): 1589.

[15] Shang W, Lu F J, Sun T, et al. Imaging Ca^{2+} nanosparks in heart with a new targeted biosensor [J]. Circulation Research, 2014, 114 (3): 412-420.

[16] Thillaiappan N B, Chavda A P, Tovey S C, et al. Ca^{2+} signals initiate at immobile IP3 receptors adjacent to ER-plasma membrane junctions [J]. Nature Communications, 2007, 8 (1): 1505.

[17] Vervloessem T, Yule D I, Bultynck G, et al. The type 2 inositol 1, 4, 5-trisphosphate receptor, emerging functions for an intriguing Ca^{2+}-release channel [J]. Biochimica et Biophysica Acta (BBA) -Molecular Cell Research, 2015, 1853 (9): 1992-2005.

[18] Zhao Y G, Liu N, Miao G Y, et al. The ER contact proteins VAPA/B interact with multiple autophagy proteins to modulate autophagosome biogenesis [J]. Current Biology, 2018, 28 (8): 1234-1245.

[19] Liu N, Zhao H, Zhao Y G, et al. Atlastin 2/3 regulate ER targeting of the ULK1 complex to initiate autophagy [J]. Journal of Cell Biology, 2021, 220 (7): e202012091.

08 水稻抗高温基因挖掘及调控机理研究

阚 义 张 海 林尤舜 林鸿宣

引 言

后羿射日是我国经典的神话传说之一，《淮南子·本经训》中记载："逮至尧之时，十日并出。焦禾稼，杀草木，而民无所食。"形容10个太阳如同10个火团，烤焦了所有的庄稼草木，百姓食不果腹。后羿历经千难万险，扬弓射下9个太阳，将万物从极端高温中拯救出来。在太阳系中，虽然不可能出现另一个太阳，但是现代人类生产活动产生大量的温室气体（主要是二氧化碳），犹如一个透明的玻璃罩包裹着地球，使太阳辐射到地球的热量无法向外扩散，成了第二个"隐形的太阳"，导致全球气温升高。每年有大量庄稼作物因为无法适应极端的高温天气而受害减产，除了倡导节能减排来缓解温室效应，科学家能否快速改造作物，提高作物对高温的适应能力，从而将作物从高温中拯救出来呢？

研究背景

近些年，随着人口的不断增长、人类活动的不断增加，全球气候变暖成为威胁世界粮食安全的一大重要问题。根据目前排放轨迹的权威分析，在未来不到10年的时间里，平均气温的增幅将超过1.5 ℃[1]。就地区而言，联合国粮食及农业组织（Food and Agriculture Organization of the United Nations，FAO）的数据显示，截至2021年，已有众多国家的平均气温增幅超过了1.5 ℃，而中国也位列其中，气温增幅达1.72 ℃。据悉，全球平均气温每增高1 ℃，将会对水稻、小麦、玉米和大豆等主要作物分别带来3.2%、6.0%、7.4%和3.1%左右的减产。而中国作为世界上最大的水稻生产国，2021年的水稻产量高达2.136千万吨，因此粗略估计2021年由于气温上升给中国带来了约68.352万吨的减产[2]。

在中国，水稻的种植主要集中在长江流域，热害普遍发生在夏季，每年的6—8月恰逢水稻的抽穗开花期，极端高温的出现会使花药开裂异常、散粉异常、水稻花粉育性降低、花粉管萌发及发育异常等。每年8月亦是某些早熟稻的灌浆期，极端高温会使水稻灌浆速率降低，影响稻米的品质和产量[3, 4]。人口的不断增长，一方面使粮食需求量激增，另一方面，人类活动加剧了全球气候变暖，使粮食作物产量降低，供不应求，形成恶性循环。据FAO数据显示，2014—2021年，全球面临中度或重度粮食安全问题的人口比例不断增加，因此如何提高高温胁迫下作物的产量，成为应对全球气候变暖的关键所在。

相较于动物的主动趋利避害，植物因为生长的固着性，只能被动地遭受高温侵害。虽然人们可以通过物理降温、搭棚遮阳等一系列手段帮助作物度过酷暑，然而这一举措成本较高，也浪费了大量的人力和物力资源。授“植”以鱼，不如授“植”以渔。与其依靠他人遮风挡雨，倒不如培育环境适应性更强的新型作物品种。自然环境的多样性造就了丰富的遗传种植资源。例如，在高纬度地区能够生存的作物品种，通常在抵抗寒冷方面表现卓越；而分布在低纬度地区的作物，也会在耐热方面非比寻常。水稻共有 12 条染色体，约 5 万个基因，各个基因时空排布，各司其职，关联水稻发育、抗逆、产量等多种重要性状，往往牵一发而动全身，并且多数基因相互制衡，以维持内稳态的平衡。因此，从这错综复杂的调控网络中锁定一个或一类基因，任重而道远。

本团队主要以低纬度地区的耐热水稻品种（非洲栽培稻、热带粳稻等）为供体亲本，通过遗传学的方法挖掘在生产应用上更为便捷的耐高温自然突变位点，并对其功能开展深入研究，完善作物感知、应答高温胁迫的分子调控网络，以期培育耐高温作物品种应对极端高温的自然气候。

目前，对植物耐高温机制的研究主要集中在未折叠蛋白（毒性蛋白）的清除、复性以及活性氧的清除两方面[5, 6]。叶绿体作为高温胁迫最敏感的细胞器，在整个植株耐热的过程中发挥着重要的作用。然而，植物是如何感知胞外的高温并使位于胞内的叶绿体发生应答的，一直困扰着科学家。解析这一机制将有助于建立高温条件下高效的叶绿体保护通路，这无疑将对提高作物耐热性、培育耐高温作物品种有重要意义[7]。

在真核生物中，G 蛋白是一类关联鸟苷三磷酸、鸟苷二磷酸的信号传导蛋白，对于生物的生长发育、胁迫应答等不可或缺。水稻中的 G 蛋白大多被报道参与籽粒大小发育的调控，然而关于 G 蛋白参与逆境胁迫应答，尤其是热胁迫相关调控过程的研究却很少。G 蛋白作为“中枢司令官”，参与多性状的调节，然而我们对其下游的响应“哨兵分子”的了解却并不全面。上游的集中指令如何被层层“通信兵”传达，并最终变成下游的实战响应，也是目前研究的热点[8]。因此，通过解析高温信号感知，揭示细胞膜—叶绿体信号传导机制；解析 G 蛋白对下游调控的分子模式，有助于完善植物中热感知、热响应的分子网络，对选育优良耐热品种或基于基因模块的定向分子育种有重要意义。

研究目标

全球有一半以上的人口以水稻为主食。水稻的整个生命周期都极易受到高温天气的损伤，从而导致严重的减产。本研究以水稻这一重要粮食作物为研究对象，通过正向遗传学的方法解析两个主要科学问题：①水稻中是否存在抗高温基因？②这些抗高温基因如何提高水稻在极端高温下的存活率和产量？解决这两个问题的共同目标在于：改良现有水稻品种，提高水稻对极端高温的适应性，从而稳定粮食生产。这对于未来作物抗逆育种改良以及世界粮食生产安全，都具有重要意义。

研究内容

本研究的主要内容可以划分为 3 点：①挖掘水稻中的耐高温基因位点；②解析耐高温基因的调控通路；③验证耐高温基因对水稻实际生产的影响。在这些研究中，创新点和关键点在于如何精确定位耐高温基因位点，以及解析新的耐高温调控网络，为未来作物抗逆育种改良提供理论依据。

作物的多种胁迫抗性是一类复杂的农艺性状，在遗传上由多个数量性状遗传位点（quantitative trait loci，QTL）控制[9-13]。QTL 在定位过程中，表型容易受到多种环境和其他位点不同基因的干扰，因此也就加大了定位难度。本研究表明，解决方法有两个：第一，摸索出合适的高温筛选条件，排除外界非高温因素对处理表型的影响；第二，利用经典图位克隆方法，将抗热表型与基因型进行多次连锁分析，从而确定正确的定位区间。这两点也是本研究获得成功的关键性内容。这些结果于 2022 年 1 月和 2022 年 6 月分别在《自然植物》（*Nature Plants*）和《科学》（*Science*）杂志发表。

研究成果

1. G 蛋白介导钙信号调控蜡质合成——高温下水稻独特的生存之道

在这一工作中，本团队以正向遗传学为基础，通过图位克隆的方法挖掘到了一个来自热带粳稻的 QTL——高温耐受 2（thermotolerance 2，*TT2*）基因[10]。*TT2* 编码一个 G 蛋白 γ 亚基，相较于来自高温敏感籼稻品种华粳籼（O.sativa L. ssp. indica variety，HJX）的 $TT2^{HJX}$，热带粳稻（O.sativa L. ssp. tropical japonica variety，HPS32）$TT2^{HPS32}$ 位点的第 165 位发生了碱基替换，使 $TT2^{HPS32}$ 编码一个提前终止的功能缺失型蛋白，进而赋予水稻抵抗高温的能力。与此同时，本研究选育获得了高温敏感和高温抵抗的近等基因系（near isogenic line，NIL）——NIL-$TT2^{HJX}$ 和 NIL-$TT2^{HPS32}$（图 8-1A 和 B）。在高温敏感的 HJX 品种中敲除 *TT2* 基因，可以使水稻获得抵抗高温的能力；而在

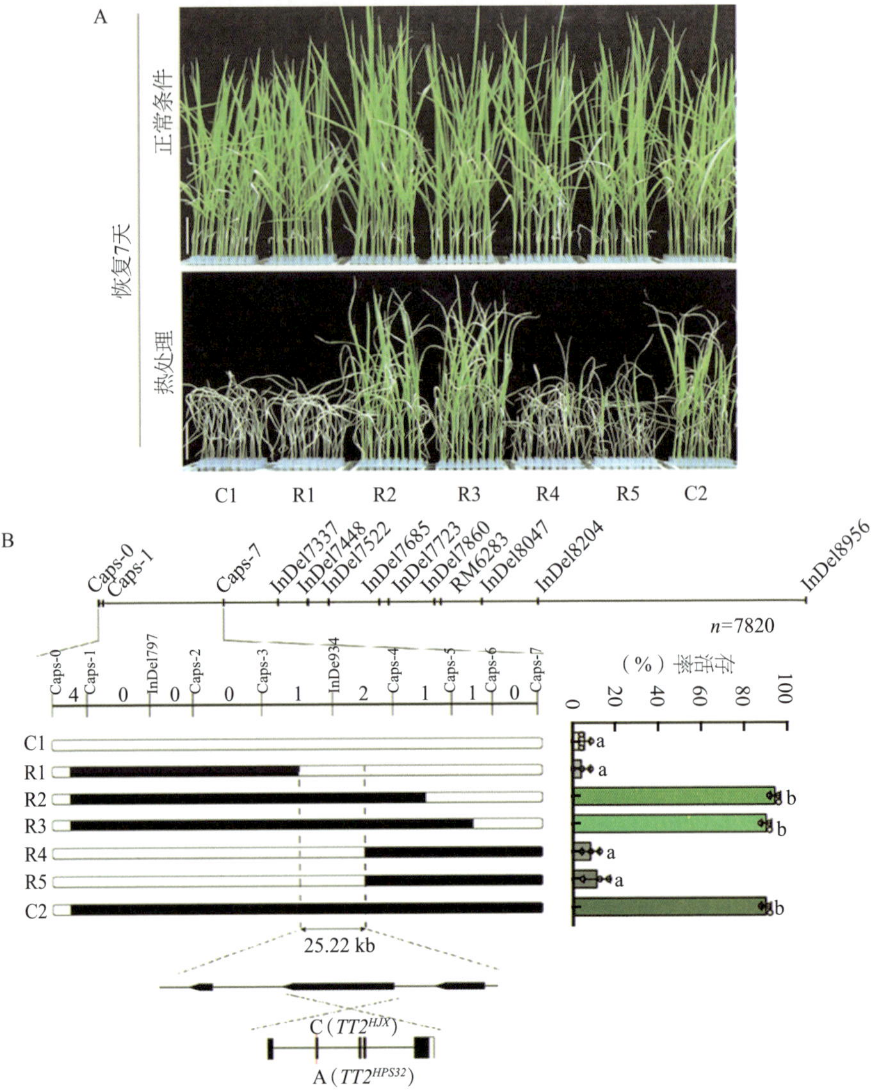

图 8–1　持有不同 HPS32 替换片段重组个体的耐热性鉴定

注：*TT2* 被定位在 25.22kb 的遗传区间内，B 图中不同小写字母表示差异显著，下同。Caps 是酶切扩增多态性序列 (cleaved amplified polymorphism sequences)、InDel 是插入缺失标记 (insertion–deletion) 的英文简写。Caps 和 InDel 表示不同类型的分子标记，C 表示对照（control），R 表示重组个体（recombinant inbred lines）。

抗高温的 NIL-*TT2*^{HPS32} 中过量表达 *TT2*，可以使水稻抵抗高温的能力丧失，因此证明 *TT2* 是一个水稻耐热的负调控因子（图 8-2A 和 B）。

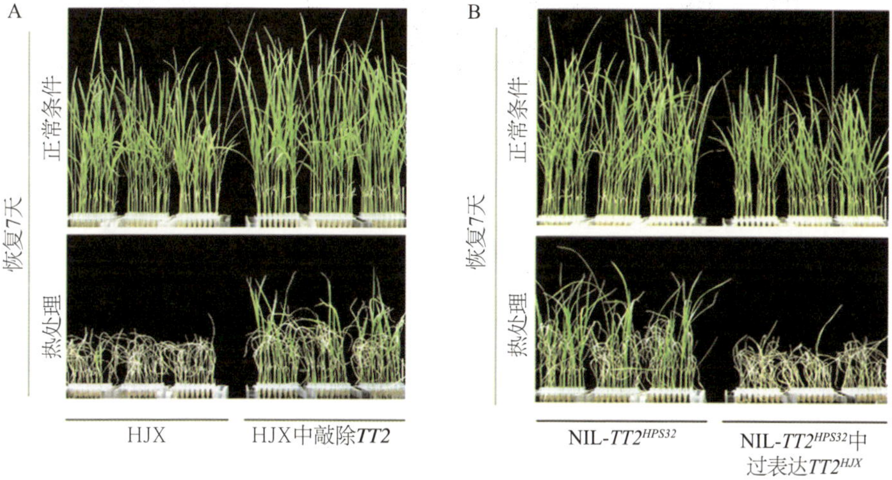

图 8-2　在高温敏感的 HJX 中敲除 *TT2*（A）和抗高温的 NIL-*TT2*^{HPS32} 中过量表达 *TT2*（B）后，植株的抗高温表型分析

TT2 不仅调控水稻苗期在高温逆境下的存活率，同样也影响水稻成熟期的植株状态、结实率、灌浆速率以及最终的产量。成熟期的 NIL-*TT2*^{HPS32} 植株在高温处理后，仍能保持绿色且挺立的株型状态；而 NIL-*TT2*^{HJX} 则表现为整个植株的枯萎、叶片卷曲失绿等一系列热敏感表型，并且呈现出明显的穗部发育异常表型（图 8-3A 和 B）。产量性状统计结果显示，NIL-*TT2*^{HPS32} 植株在高温条件下比 NIL-*TT2*^{HJX} 增加约 54.7% 的单株产量，同时在结实率以及千粒重等性状上也有较为卓越的表现，证明 *TT2* 也参与高温条件下水稻成熟期产量的保护（图 8-3C ～ E）。

为了对其分子机制开展深入研究，本研究进行了转录组测序（RNA-sequencing，RNA-seq）和基因集富集分析（gene set enrichment

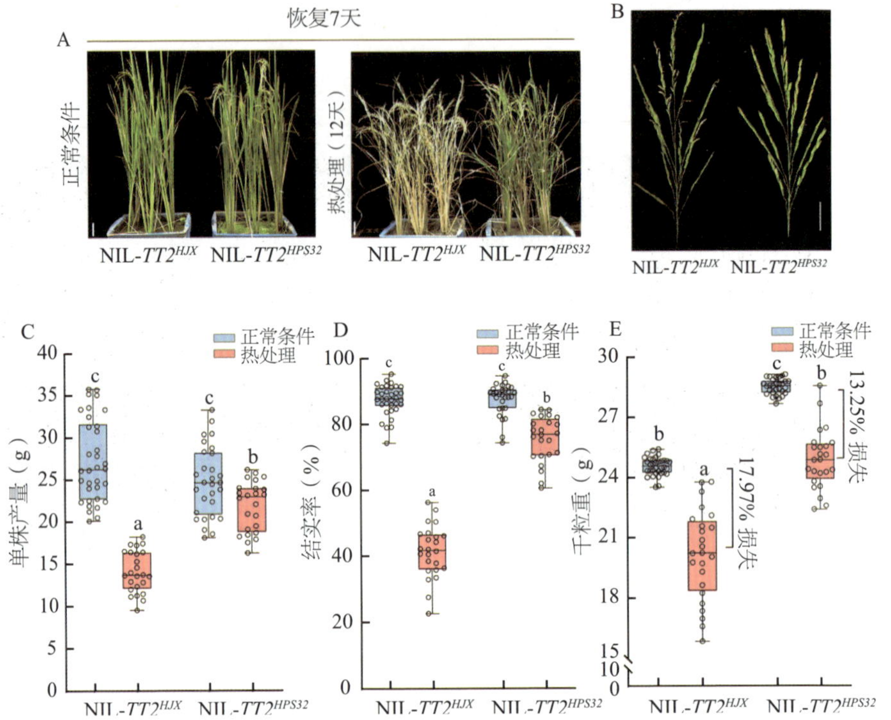

图 8-3 $TT2^{HPS32}$ 位点在高温胁迫下的产量表型鉴定

注：A.NIL-$TT2^{HJX}$ 和 NIL-$TT2^{HPS32}$ 成熟期耐热表型（13h，38 ℃，白天/11h，35 ℃，黑夜）；B. 热处理后 NILs 的穗部表型，比例尺为 3 cm；C～E. NILs 在正常条件和热处理下的单株产量（C）、结实率（D）及千粒重（E）情况。

analysis，GSEA），显示两个 NILs 在热处理后的差异表达基因富集到了角质、软木酯和蜡质合成通路（表 8-1）。本研究提取了水稻中 42 个功能注释为蜡质相关的基因，并对这些基因在不同热处理时间下的表达量进行检测。结果显示，热敏感 NIL-$TT2^{HJX}$ 植株中有 30 个基因的表达量在热处理 1 h 后立即产生了明显的下调；而其中 9 个基因的表达量在高温耐受的 NIL-$TT2^{HPS32}$ 植株中则呈现为不变，其余的基因则呈现为下调减弱（图 8-4 和表 8-2）。气相色谱串联质谱（gas chromatography-mass spectrometry，GC-MS）和扫描电镜结果表明，

表 8–1 热处理后，NIL-$TT2^{HPS32}$ 相较于 NIL-$TT2^{HJX}$ 显著上调的基因基于 KEGG 注释的富集分析

名称（KEGG 通路）	基因数目	富集分数	均一化后富集分数
DNA 复制（dosa03030）	53	0.515415	1.437612
光合作用（dosa00195）	49	0.762842	1.402403
角质、软木酯和蜡质合成（dosa00073）	28	0.528969	1.328018
真核生物中的核糖体合成（dosa03008）	81	0.476376	1.323052
戊糖和葡萄糖酸的相互转化（dosa00040）	73	0.535701	1.316565
卟啉和叶绿素代谢（dosa00860）	37	0.598289	1.303034
二苯乙烯、二芳基庚烷和姜辣素生物合成（dosa00945）	19	0.596562	1.279177
类黄酮生物合成（dosa00941）	36	0.603869	1.269252
氨酰基转运 RNA 生物合成（dosa00970）	50	0.541063	1.227797
二萜类生物合成（dosa00904）	41	0.555817	1.224718

注：KEGG 是京都基因和基因组百科全书（Kyoto Encyclopedia of Genes and Genomes）的英文简写。

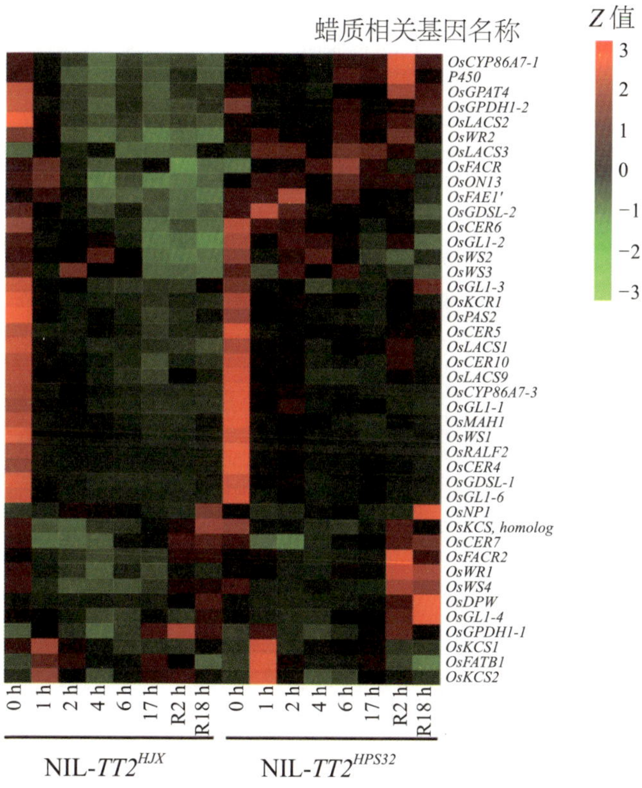

图 8–4 在不同时间的热处理下，NILs 之间蜡质相关基因的差异表达情况

注：该图中共涵盖了 49 个蜡质相关的基因。

表 8–2　蜡质相关基因的中英文全称

基因	英文全称	中文翻译
OsCYP86A7-1	cytochrome P450 family protein, fatty acid omega-hydroxylase	细胞色素 P450 家族蛋白，脂肪酸 Ω 羟化酶
P450	cytochrome P450 family protein，fatty acid omega-hydroxylase	细胞色素 P450 家族蛋白，脂肪酸 Ω 羟化酶
OsGPAT4	glycerol-3-phosphate acyltransferase	甘油 -3- 磷酸酰基转移酶
OsGPDH1-2	glycerol-3-phosphate dehydrogenase 2	甘油 -3- 磷酸脱氢酶
OsLACS2	long-chain acyl-CoA synthetase 2	长链乙酰辅酶 A 合成酶 2
OsWR2	wax synthesis regulatory 2	蜡质合成调控因子 2
OsLACS3	similar to Acyl-CoA synthetase	长链乙酰辅酶 A 合成酶 3
OsFACR	similar to fatty acyl coA reductase	脂肪酸酰基辅酶 a 还原酶
OsON13	ONION13	洋葱 13
OsFAE1'	wax crystal-sparse leaf 1	蜡质晶体稀疏的叶片
OsGDSL-2	GDSL (consensus amino acid sequence of Gly，Asp，Ser，and Leu around the active site Ser)-like lipase/acylhydrolase	GDSL（Gly、Asp、Ser 和 Leu 在活性位点 Ser 周围的一致氨基酸序列）类似的脂肪酶 / 酰基水解酶
OsCER6	ECERIFERUM 6	无蜡质突变体 6 调控基因
OsGL1-2	glossy1(GL1) homolog 1-2	光泽 1 同源基因 1-2
OsWS2	wax synthase2, diacylglycerol O-acyltransferase.	蜡质合成 2，二酰基甘油乙酰转移酶
OsWS3	wax synthase3, diacylglycerol O-acyltransferase.	蜡质合成 3，二酰基甘油乙酰转移酶
OsGL1-3	glossy1(GL1) homolog 1-3	光泽 1 同源基因 1-3
OsKCR1	beta-ketoacyl-CoA reductase 1	β - 酮脂酰辅酶 A 还原酶
OsPAS2	very-long-chain (3R)-3-hydroxyacyl-CoA dehydratase PASTICCINO2	超长链 -3- 羟脂酰 - 辅酶 A 脱水酶
OsCER5	ECERIFERUM 5	无蜡质突变体 5 调控基因

续表

基因	英文全称	中文翻译
OsLACS1	long-chain acyl-CoA synthetase 1	长链乙酰辅酶 A 合成酶 1
OsCER10	ECERIFERUM 10	无蜡质突变体 10 调控基因
OsLACS9	long-chain acyl-CoA synthetase 9	长链乙酰辅酶 A 合成酶 9
OsCYP86A7-3	cytochrome P450 family protein, fatty acid omega-hydroxylase	细胞色素 P450 家族蛋白，脂肪酸 Ω 羟化酶
OsGL1-1	glossy1(GL1) homolog 1-1	光泽 1 同源基因 1-1
OsMAH1	midchain alkane hydroxylase 1	中链烷烃羟化酶
OsWS1	wax synthase1, diacylglycerol O-acyltransferase	蜡质合成 1，二酰基甘油乙酰转移酶
OsRALF2	rapid alkalization factor 2	快速碱化因子 2
OsCER4	ECERIFERUM 4	无蜡质突变体 4 调控基因
OsGDSL-1	GDSL-like lipase/acylhydrolase	GDSL 类似脂肪酶 / 酰基水解酶
OsGL1-6	OsGL1-6, Glossy1(GL1) homolog	光泽 1 同源基因 1-6
OsNP1	no Pollen 1	无花粉突变体 1 调控基因
OsKCS, homolog	beta-ketoacyl-CoA synthase， homolog	β - 酮脂酰辅酶 A 合成酶
OsCER7	ECERIFERUM 7	无蜡质突变体 7 调控基因
OsFACR2	fatty acyl coA reductase 2	脂肪酸酰基辅酶 a 还原酶 2
OsWR1	wax synthesis regulatory gene 1	蜡质合成调控因子 1
OsWS4	wax synthase4, diacylglycerol O-acyltransferase.	蜡质合成 4，二酰基甘油乙酰转移酶
OsDPW	defective pollen wall (DPW)	花粉壁缺陷突变体调控基因
OsGL1-4	OsGL1-4, Glossy1(GL1) homolog	光泽 1 同源基因 1-4
OsGPDH1-1	glycerol-3-phosphate dehydrogenase 1-1	甘油 -3- 磷酸脱氢酶 1-1
OsKCS1	beta-ketoacyl CoA synthase 1	β - 酮脂酰辅酶 A 合成酶 1
OsFATB1	fatty acyl-ACP thioesterases B1	脂肪酰基 acp 硫酯酶 B1
OsKCS2	beta-ketoacyl-CoA synthase 2	β - 酮脂酰辅酶 A 合成酶 2

在热敏感 NIL-$TT2^{HJX}$ 的植株中，高温造成了蜡质含量的显著降低，而在高温耐受的 NIL-$TT2^{HPS32}$ 植株中，蜡质含量却不受高温影响，一直维持在较高的水平上（图 8-5 A 和 B）。

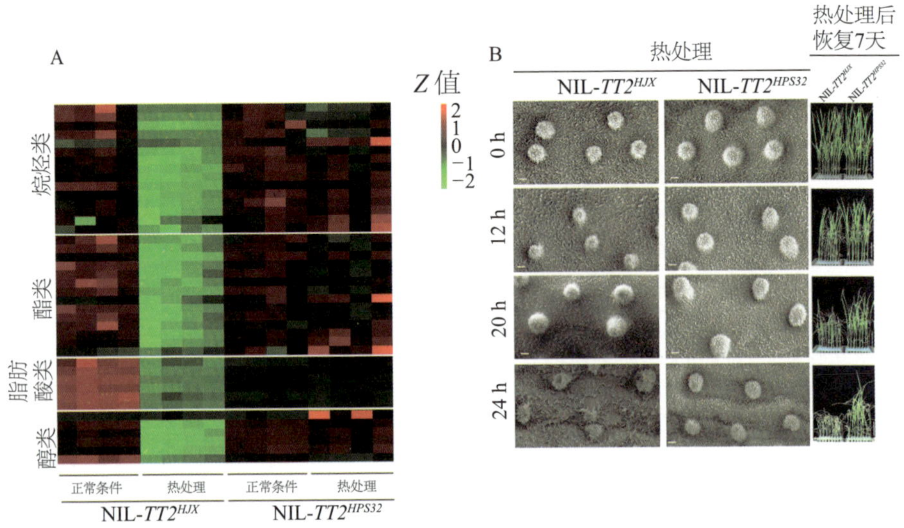

图 8-5 NILs 植株中蜡质含量在高温处理下的变化情况

注：A. 蜡质组分在不同处理条件及 NILs 之间的差异情况，热图呈现的是有显著性差异的蜡质代谢物质；B. 在 0、12、20、24 h 处理时间下，NILs 中叶片表面的蜡质晶体在扫描电镜下的状态，比例尺为 1 μm，右图是对应的在不同时间恢复 7 天后的抗热表型，比例尺为 5 cm。

为了研究 NILs 之间的耐热性差异是否由蜡质含量的差异所导致，本研究在上述筛选到的 9 个差异响应基因中，选取了一个经典的正向调控蜡质合成的转录因子（wax synthesis regulatory 2，OsWR2，图 8-6A）。在高温抵抗的 NIL-$TT2^{HPS32}$ 植株中敲除 *OsWR2*，导致植株的高温抵抗表型消失（图 8-6B），因此证明 *TT2* 介导的高温耐受表型通过影响高温条件下蜡质含量的变化而实现，并且 *OsWR2* 位于 *TT2* 调控通路的下游。

因此，TT2 如何调控 *OsWR2* 在高温条件下的表达成为下一步的研究重点。通过对 OsWR2 启动子区域进行检索分析，本研究发现在其转录起始位点上游的 293bp 处存在两个串联重复的元件——CG1 类似的结合元件（CG1 like，CGL）。在拟南芥中，顺式元件 CG1 可以被钙调素结合转录激活子 3（calmodulin binding transcription activator3，CAMTA3）所结合。通过序列比对，本团队检索到了水稻中的同源基因，并将其命名为钙感知转录因子 1 和 2（sensing Ca^{2+} transcription factor 1/2，SCT1/2）。染色质免疫沉淀—qRT-PCR（chromatin immunoprecipitation-qRT-PCR，chip-qRT-PCR）和凝胶迁移实验（electrophoretic mobility shift assays，EMSAs）证实了 SCT1 与 *OsWR2* 启动子区域 CGL 元件结合[10]。转基因敲除 *SCT1* 和 *SCT*2 之后，水稻呈现出高温耐受表型，并且由高温导致的 *OsWR2* 表达量下调和蜡质含量的降低在 *SCT1/2* 敲除后消失，因此证明 SCT1/2 位于 *OsWR2* 的上游，并且负向调控水稻耐热性（图 8-6C ~ E）。

SCT1/2 作为钙调素（calmodulin，CaM）结合蛋白，其活性受到 CaM 的影响。而 CaM 作为钙信号的感受器可以直接与钙离子结合，并受到钙离子的影响，进而激活下游信号[14]。之前的大量研究证实，G 蛋白位于钙信号的上游，并影响外界刺激下胞内钙信号的激活[11, 15]。身为 G 蛋白 γ 亚基的 TT2 是否影响高温刺激的钙信号激活，将是解密 G 蛋白影响高温调控机制的关键。扫描离子选择电极法 / 非损伤电生理等多项技术均已证明，TT2 是高温刺激下产生正常钙信号的必要保障。$TT2^{HPS32}$ 编码无功能的蛋白质，因此高温刺激后产生的胞内钙信号显著低于 $TT2^{HJX}$（图 8-7A ~ C）。作为 CaM 结合蛋白的 SCT1/2 与 CaM 的互作在酵母双杂、双分子荧光素酶互补实验和免疫共沉淀得到了进一步证实[10]。CaM 可以抑制 *SCT1* 的转录激活活性，使其对 *OsWR2* 的激活活性减弱（图 8-7D）。等离子共振实验

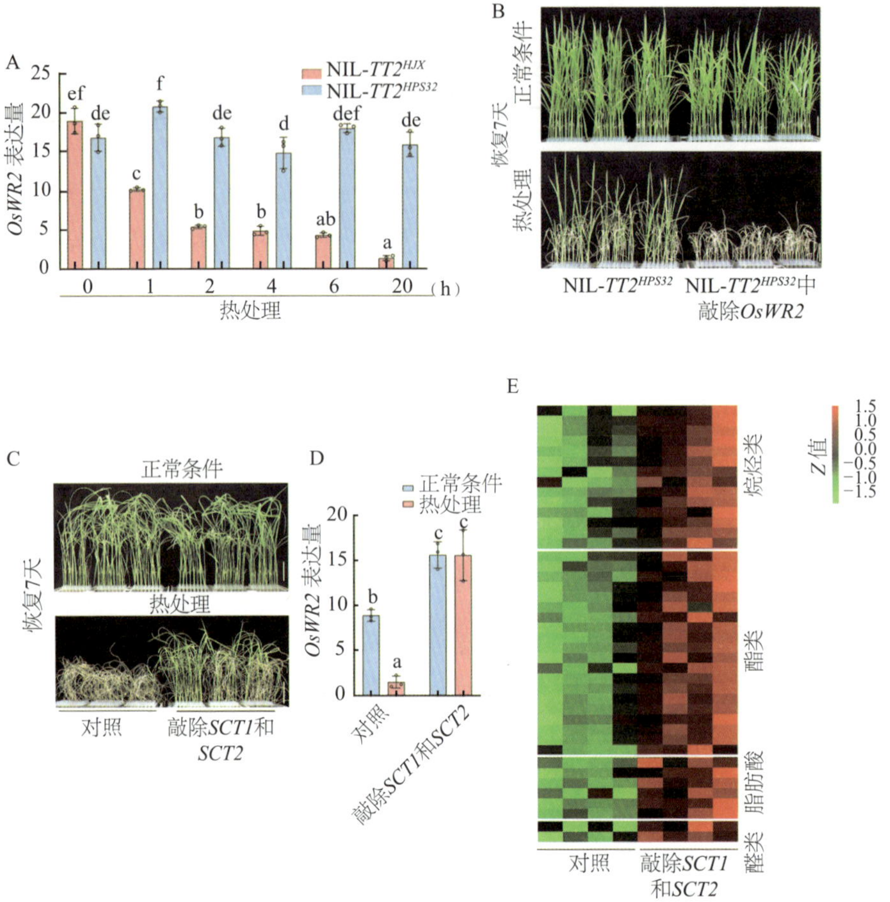

图 8-6　*OsWR2* 和 *SCT1* 转基因材料的耐热表型、基因表达水平及蜡质含量分析

注：A. *OsWR2* 表达量在不同热处理时间下的动态变化；B. 在高温抵抗 NIL-*TT2*^HPS32 中敲除 *OsWR2* 后，水稻的长势；C. 在高温敏感的水稻株系中敲除 *SCT1/2* 后，水稻的长势；D 对照和敲除 *SCT1/2* 的 *OsWR2* 表达量；E. 热处理后，蜡质组分在对照与敲除株系之间的差异情况。

证实钙离子的存在会促进 SCT1 与 CaM 的互作，而钙的螯合剂则会抑制 SCT1 与 CaM 的互作（图 8-7E）。因此，上述结果证明细胞内钙信号的动态变化可以通过 SCT1-CaM 结合强度来被“感知”，并且转化成 SCT1 转录活性的变化，进而影响 *OsWR2* 的表达水平，并最终影响蜡质含量。

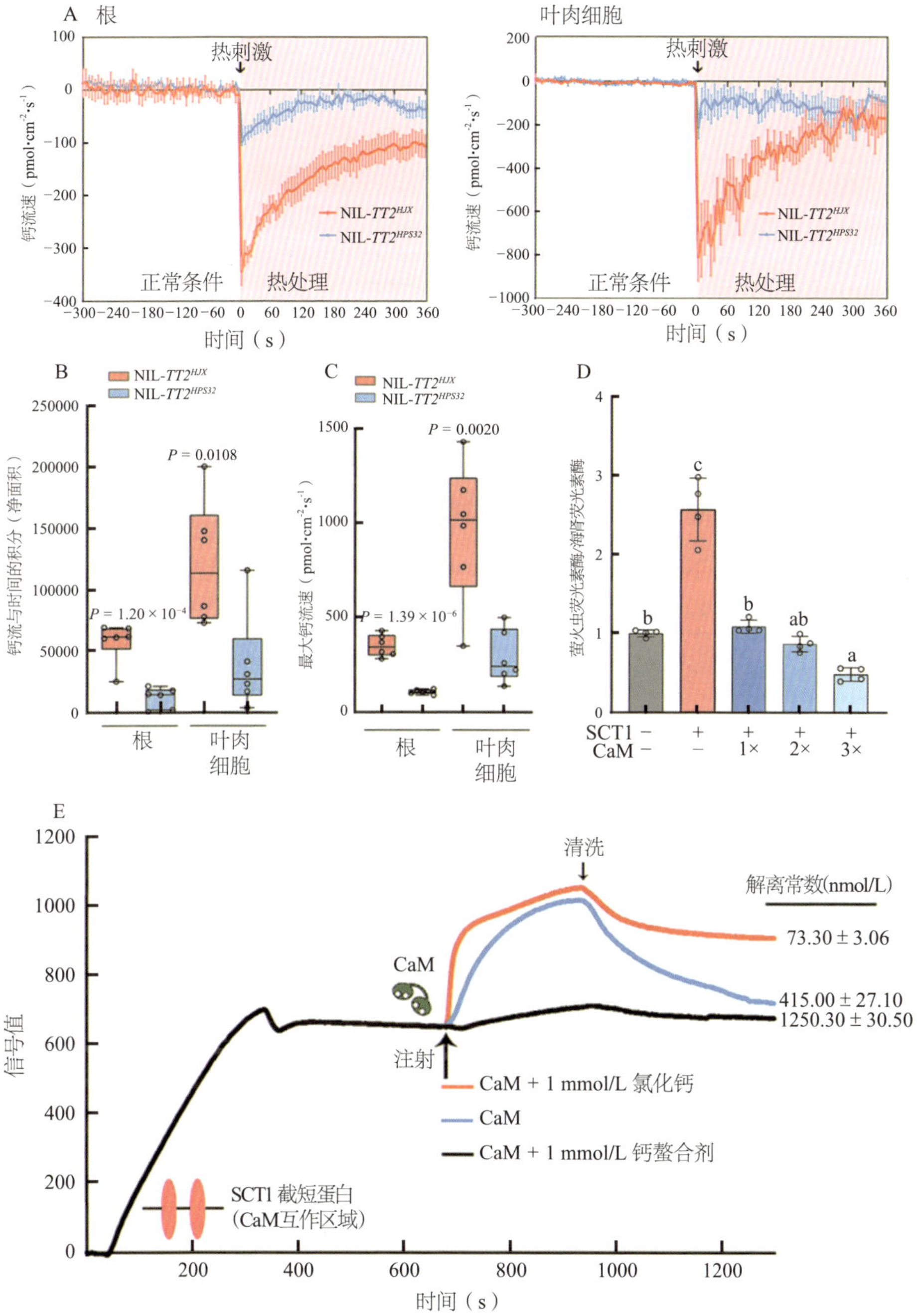

图 8-7　NILs 植株在高温刺激下的钙内流表型以及 CaM 在钙环境下对 SCT1 的影响

注：A. 水稻根部分生区和地上部叶肉细胞在热刺激下的钙流变化情况；B. 热刺激下，NILs 的钙流速变化曲线与时间积分（曲线净面积）的定量统计；C. 热刺激下，NILs 的最大钙内流定量统计；D. CaM 在不同施加比例下，对 SCT1 转录活性的影响，1×、2×、3× 分别表示 CaM 与 SCT1 的施加比例，数值越高表示 CaM 施加量越高；E. 在氯化钙和钙螯合剂的环境下，SCT1 与 CaM 的互作强度，解离常数越小，表示两者互作越强。

上述研究阐述了一条以动植物中发挥重要作用的G蛋白亚基为起点，以信号传导的关键第二信使——钙信号为中间因子，以蜡质含量的变化为下游生理响应，以植物的耐热性状和其关联的产量性状为最终表型的、崭新的TT2-SCT1-*OsWR2*调控耐热通路。在高温敏感的NIL-$TT2^{HJX}$植株中，功能正常的TT2确保热诱导产生足量的胞内钙信号，增强CaM与SCT1的结合强度；CaM对SCT1转录活性抑制增强，降低了*OsWR2*的表达水平，最终使蜡质含量降低，缺少了蜡质屏障的保护，植株呈现出高温敏感表型（图8-8A）。在高温抵抗的NIL-$TT2^{HPS32}$植株中，由于自然突变导致TT2蛋白功能的丧失，高温诱导的胞内钙信号减弱，减少了SCT1与CaM的相互作用，进而在一定程度上解除了CaM对SCT1转录活性的抑制，使*OsWR2*能够维持正常表达，最终正常的蜡质含量作为屏障保护植物免受高温的侵害，植株最终呈现出高温抵抗表型（图8-8A和B）。

随着*TT2*机理的阐明，高温条件下水稻的独特生存之道也被揭开了神秘的面纱。与以往报道的"主动出击、先发制敌"的调控机制不同，在高温胁迫后，植物的"饭碗"——叶绿体不保，因此整个植物处在能量匮乏的饥饿状态。调动全身的热响应来抵抗高温必定以消耗大量能量为前提，对植物来讲并非万全之策。自诩"聪明"的植株（TT2蛋白功能正常）在高温来之后会立即反应，脱掉衣服（降低蜡质含量）。然而，高温正是利用了植物这一特点，乘虚而入，直抵内部，造成细胞损伤。"愚钝"的植株（TT2蛋白的功能缺失）对外界热刺激钝感，反而能够静观其变、不欲其乱，最终以静制动，在经历热胁迫时，能够保证足量的外衣（足量的蜡质），进而减少热胁迫对内部细胞的损伤，并且保存体力，在热胁迫后能快速恢复，最大限度地减少高温带来的损伤。

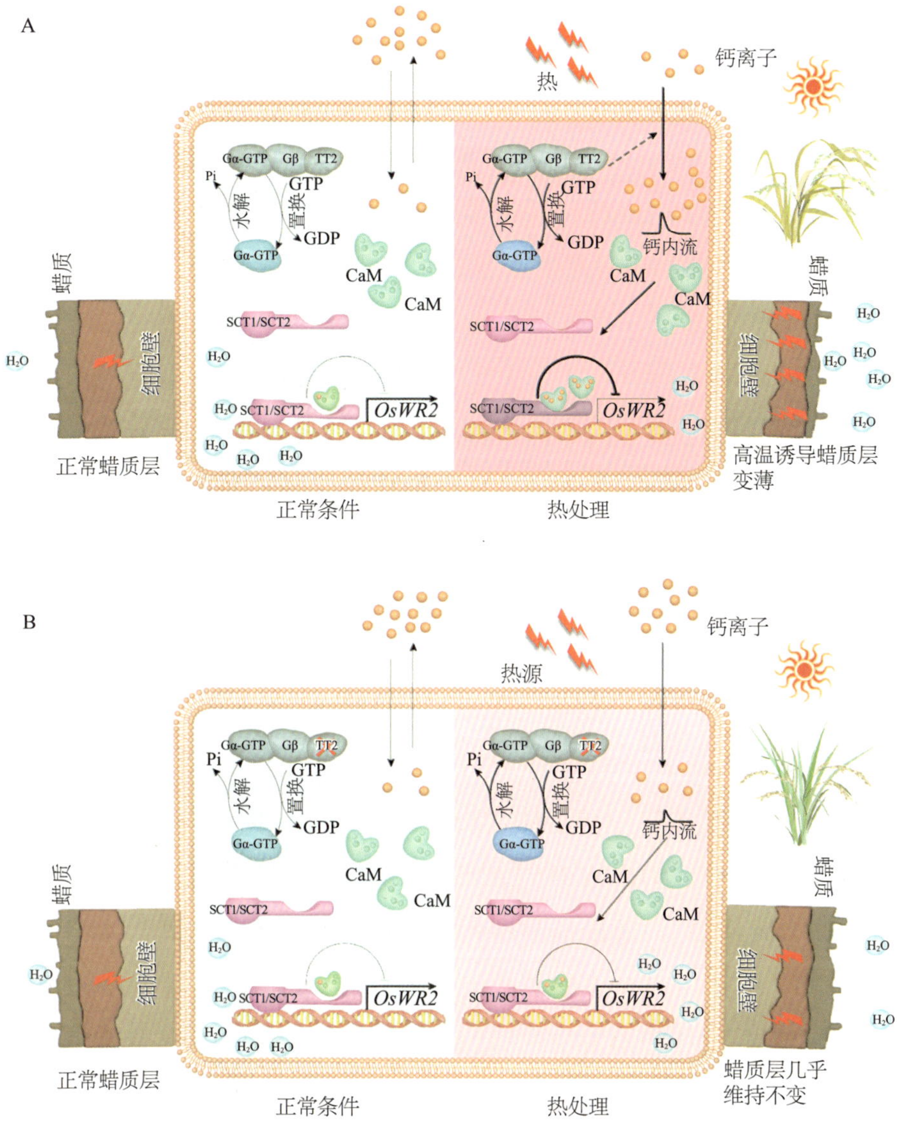

图 8-8 TT2-SCT1/2-*OsWR2* 调控水稻耐热模式图

注：A. 在 TT2 功能正常的 NIL-*TT2*^{HJX} 背景下的耐热调控模式；B. 在 TT2 功能缺失的 NIL-*TT2*^{HPS32} 背景下的耐热调控模式。

2. 水稻质膜蛋白感知高温信号促进叶绿体蛋白降解——微观世界中的“博弈论”

在这一工作中，本团队将目标转移到一类特殊的水稻品种——非洲栽培稻（*Oryza glaberrima*，CG14）上。非洲种植水稻已有3000多年历史，非洲栽培稻起源于尼日尔河沿岸[16]，经过漫长的自然选择和人工驯化选择，早已适应当地的高温环境，同时携带了丰富的耐高温基因资源。为此，本团队将非洲栽培稻与江苏省武进区农业科学研究所选育的早熟晚粳常规稻品种“武运粳7号”（*O.sativa* L. *ssp. japonica* variety，WYJ）进行杂交，并通过多次回交，逐渐将非洲栽培稻的染色体片段导入“武运粳7号”。随后，本团队通过基因型与幼苗期抗热表型的连锁分析，顺利将耐高温的非洲栽培稻染色体片段缩短到36.6kb的范围内（图8-9）。本团队将这一耐热QTL命名为耐热性3（thermo-tolerance 3，*TT3*）[13]。

常温培养下，含有非洲栽培稻*TT3*位点的NIL-$TT3^{CG14}$与含有“武运粳7号”*TT3*位点NIL-$TT3^{WYJ}$在长势上没有明显区别；但在高温处理完后，NIL-$TT3^{CG14}$的长势和存活率显著高于NIL-$TT3^{WYJ}$（图8-10A和B）。通过基因序列比对和转基因水稻构建，本团队发现在*TT3*位点中敲除*TT3.1*基因（*tt3.1*），水稻对高温表现出敏感表型（图8-10C和D）；在“武运粳7号”中分别过量表达内源的*TT3.1*（overexpression $TT3.1^{WYJ}$，OE-$TT3.1^{WYJ}$）和非洲栽培稻来源的*TT3.1*（OE-$TT3.1^{CG14}$），水稻表现出高温抵抗表型（图8-10E和F），说明*TT3.1*正向调控水稻抗热。而敲除*TT3.2*基因，水稻也获得抗高温能力（图8-10G），说明*TT3.2*负向调控水稻抗热。以上研究结果表明，相比于“武运粳7号”来源的*TT3*，非洲栽培稻来源

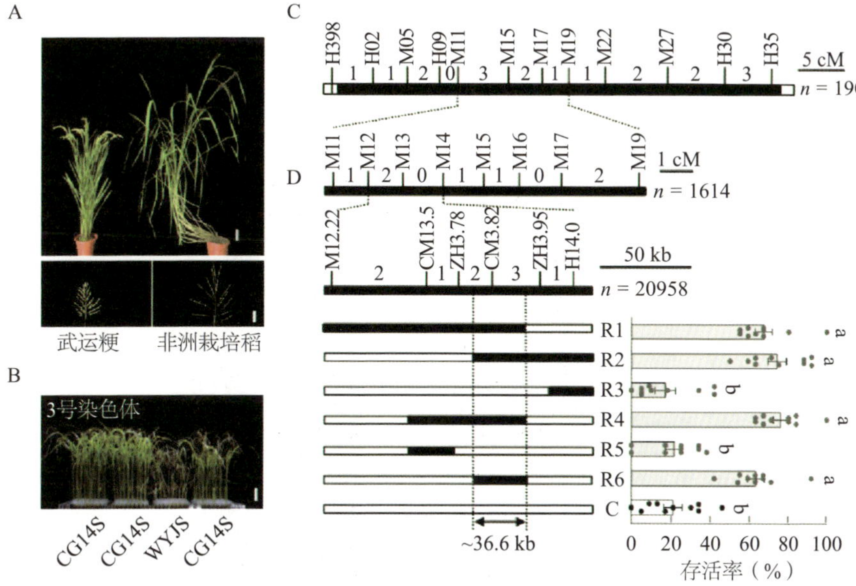

图 8–9 *TT3* 耐热位点的定位示意

注：A. 水稻灌浆成熟阶段，“武运粳 7 号”和非洲栽培稻的株型与主穗穗型比较；B. 非洲栽培稻替换片段（CG14S）位于 3 号染色体中的耐热表型；C. *TT3* 位点的初步定位，定位于 3 号染色体；D. *TT3* 位点的精细定位，定位于至 36.6 kb 范围内，柱状图为对应高温处理后存活率的统计结果；比例尺为 5 cm。

的 *TT3* 具有更强的耐高温水平，同时 *TT3* 位点中含有两个 QTL 基因 *TT3.1* 和 *TT3.2* 拮抗调控水稻抗热。

作物在极端的自然条件下（高温、干旱、盐碱等），通常以牺牲生长发育或产量为代价，来维持基本生存[17-19]，从而导致严重的粮食减产[20]。提高作物在胁迫环境下的稳产和增产，一直是科研人员希望解决的关键问题[21]。为了探究 *TT3* 调控水稻在高温下的增产效果，本团队利用人工气候室模拟极端高温天气，并分别将生长至孕穗期的 NIL-$TT3^{WYJ}$/NIL-$TT3^{CG14}$ 水稻、OE-$TT3.1^{CG14}$ 和 *TT3.2* 敲除水稻置于人工气候室，进行长时间的高温处理，观察高温对不同水稻材料长势和产量的影响。研究结果显示，高温处理后，NIL-$TT3^{CG14}$ 相较于

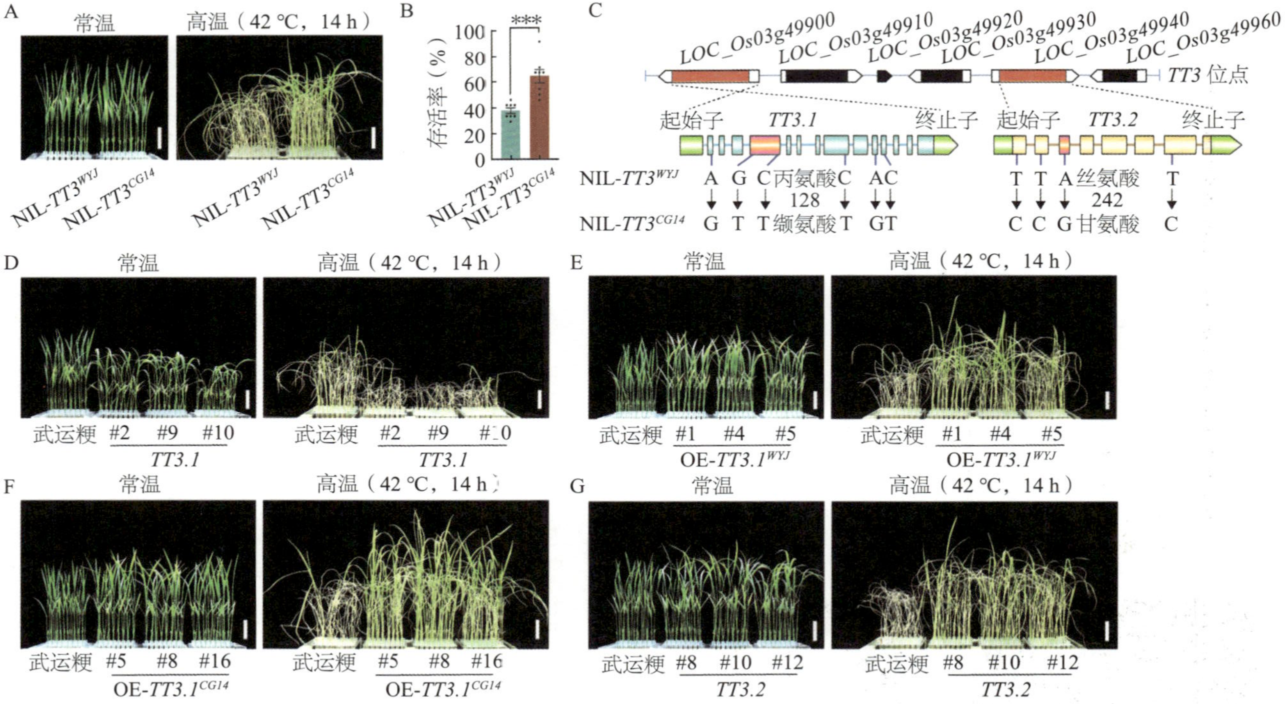

图 8–10　*TT3* 位点耐热表型分析

注：A 和 B. 培养 12 天的 NIL-$TT3^{WYJ}$ 和 NIL-$TT3^{CG14}$ 水稻苗在正常培养条件及高温处理下恢复 7 天后表型（A）和存活率（B），*** 表示 $P < 0.001$，比例尺为 5 cm；C. 6 个候选基因在 NIL-$TT3^{WYJ}$ 和 NIL-$TT3^{CG14}$ 中的差异情况；D ～ G. *TT3.1*（D）、OE-$TT3.1^{WYJ}$（E）、OE-$TT3.1^{CG14}$（F）和 *TT3.2*（G）转基因水稻在正常培养条件下及高温处理恢复 7 天后的表型，比例尺为 5 cm。

NIL-*TT3*^{WYJ} 有约 1 倍的增产效果，并且在结实率和千粒重的增加效果上也显著高于 NIL-*TT3*^{WYJ}（图 8-11A 和 B）。而 30 天的持续高温处理，也让武运粳水稻茎秆和叶片变得枯黄，甚至死亡；在 OE-*TT3.1*^{CG14} 和 *TT3.2* 水稻中，除了保持正常的生长状态，单株产量也比武运粳高 2.6 倍以上（图 8-11C 和 D）。这些研究结果说明，通过在水稻栽培品种中导入 *TT3* 位点，或在水稻中过量表达 *TT3.1* 和敲除 *TT3.2* 基因，均能提高水稻高温抗性，成为水稻在高温胁迫下稳定生产的利器。

当动物接触到高温物体时，会迅速躲闪。这是因为动物的皮肤表面含有大量感觉神经元（sensory neuron）的神经末梢，从而能迅速感知温度的变化。植物表面没有神经元，它们是否也具有类似的温度“感受器”来感受外界的温度变化呢？为了探究这一问题，本团队利用高分辨率的高端荧光显微镜，深入植物细胞内部，进行微观世界的观察。在正常温度下，本团队发现 TT3.1 定位在细胞质膜上，TT3.2 定位在叶绿体中，但在 42 ℃高温条件下，TT3.1 逐渐从细胞质膜转移到了细胞内部，并且和 TT3.2 共同定位在细胞质中（图 8-12），说明 TT3.1 能够感知外界温度的变化，将温度信号从细胞质膜转移到细胞质中，并且招募了细胞质中的 TT3.2 叶绿体前体蛋白。

随后本团队利用免疫胶体金技术，进行植物细胞纳米水平的测定。结果表明，TT3.2 定位在叶绿体的类囊体膜上（thylakoid membrane，TM），在高温处理 8 h 后，TT3.2 仍然富集在高温敏感的 NIL-*TT3*^{WYJ} 类囊体中；而在耐高温的 NIL-*TT3*^{CG14} 类囊体中，TT3.2 蛋白数量明显地减少（图 8-13A ～ C）。过去的研究发现，多囊泡体（multi-vesicular body，MVB）可以介导被分选的蛋白进入液泡中降解[22，23]。本团队发现，在高温胁迫下，有少量的 TT3.2 蛋白富集在 NIL-*TT3*^{WYJ} 的 MVB 中，而在 NIL-*TT3*^{CG14} 中，则有较多的 TT3.2 富集在

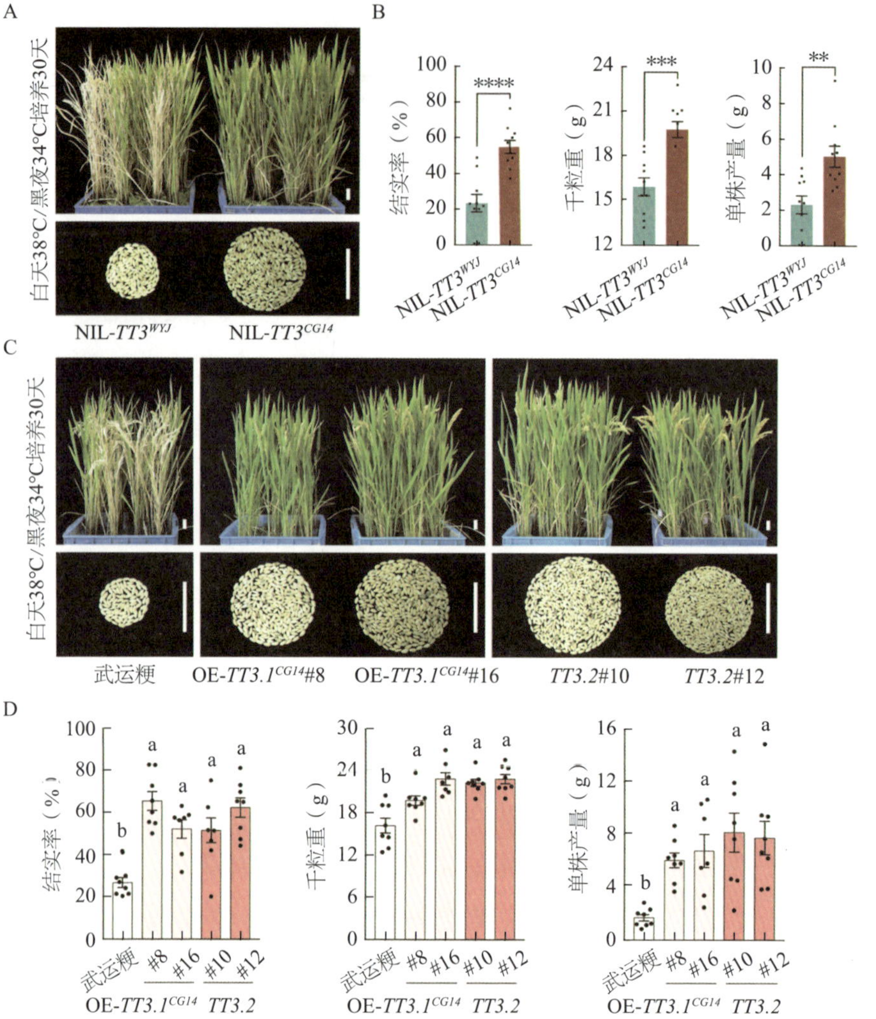

图 8–11　*TT3* 位点高温增产效果的测定

注：A. 从抽穗期至灌浆完成，NIL-$TT3^{WYJ}$ 和 NIL-$TT3^{CG14}$ 受到高温处理后的株型和单株产量比较，比例尺为 5 cm；B. 受到高温处理后，NIL-$TT3^{WYJ}$ 和 NIL-$TT3^{CG14}$ 的结实率、千粒重和单株产量的比较，** 表示 $P < 0.01$，*** 表示 $P < 0.001$，**** 表示 $P < 0.0001$；C. 武运粳、OE–$TT3.1^{CG14}$ 和 *TT3.2* 在抽穗期受到高温处理后的株型和单株产量，比例尺为 5 cm；D. 武运粳、OE–$TT3.1^{CG14}$ 和 *TT3.2* 在抽穗期受到高温处理 0 天后的结实率、千粒重和单株产量比较。

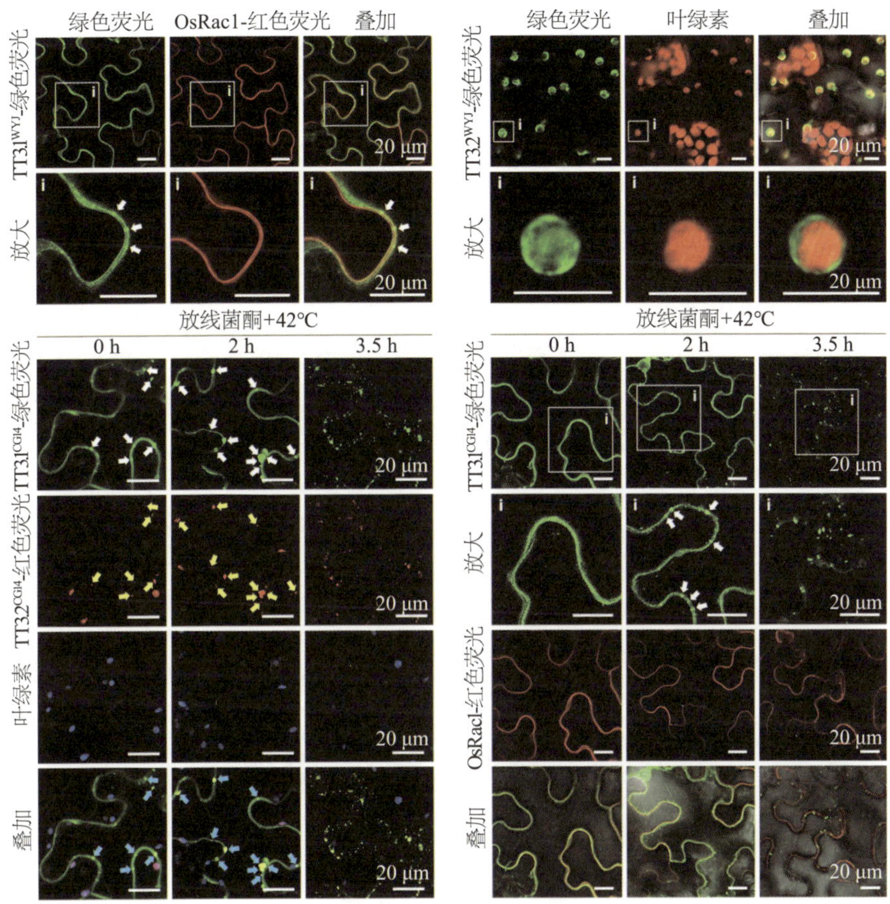

图 8-12　TT3.1 感知高温并转移至细胞质与 TT3.2 共定位示意

注：烟草叶肉细胞表达 TT3.1-GFP 和 TT3.2-GFP，并测定两者在正常条件下和高温处理后的定位变化。

MVB 上（图 8-13D ～ F）。结合 TT3.2 在叶绿体类囊体中的定位差异，本团队认为叶绿体定位的 TT3.2 前体蛋白可以被分选到 MVB 途径中，并参与液泡降解。通过进一步的观测，本团队发现高温可以诱导 TT3.1 招募更多的 TT3.2 前体蛋白，进入 MVB 中被降解（图 8-13G 和 I）。

以上研究结果说明，TT3.1 可能在水稻中扮演着“温度感受器”的角色，通过细胞定位的改变传递高温信号，并影响 TT3.2 的蛋白降

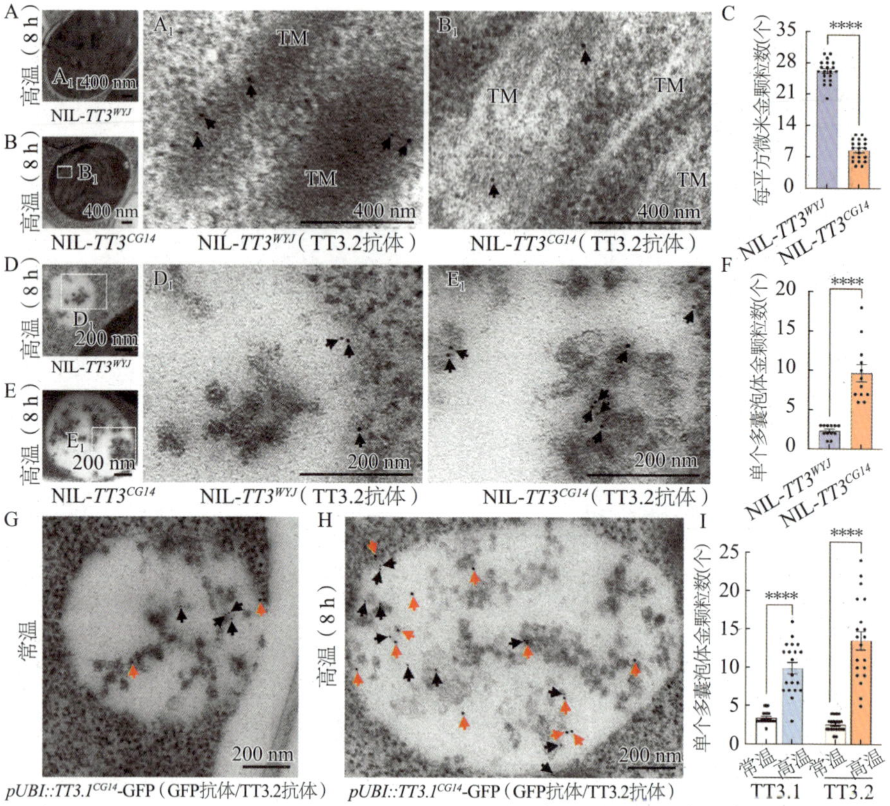

图 8-13　高温诱导 TT3.1 和 TT3.2 进入多囊泡体示意

注：A ～ C. 高温处理条件下，TT3.2 金颗粒定位在 NIL-*TT3* 叶绿体的情况和数量统计，**** 表示 $P < 0.0001$；D ～ F. 高温处理条件下，TT3.2 金颗粒在 NIL-*TT3* MVB 中的定位情况及数量统计，*** 表示 $P < 0.001$；G ～ I. TT3.1 和 TT3.2-GFP 金颗粒定位在 *TT3.2*^{CG14} 转基因水稻 MVB 的情况及数量统计；黑色箭头示意 TT3.2 金颗粒，红色箭头示意 TT3.1-GFP 金颗粒；PUBI 是泛素启动子（ubiquitin promoter）的英文简写。

解。这为深入研究植物的温度感知过程提供了重要的理论基础。

TT3.1 是否真的影响 TT3.2 的蛋白质降解呢？本团队首先利用酵母双杂交的方法，验证了 TT3.1 能和 TT3.2 蛋白存在相互作用（图 8-14A），随后利用蛋白质降解实验，发现在高温条件下，TT3.2 蛋白的降解速率在 NIL-*TT3*^{CG14} 中会高于 NIL-*TT3*^{WYJ}（图 8-14B），说明 TT3.2 蛋白的降解过程可能受到了不同 TT3.1 等位基因的影响。为了进一步了解 TT3.2 的降解过程，本团队通过施加不同类型的抑制剂进行分析，发现在施加了液泡水解酶抑制剂阿洛司他丁（aloxistatin，E64d）后，TT3.2 的蛋白降解速率受到了显著抑制，而施加了蛋白酶体抑制剂后（Z-Leu-Leu-Leu-al，MG-132），TT3.2 的蛋白降解速率并没有发生明显的改变（图 8-14C），说明 TT3.2 的蛋白降解过程受到了液泡途径的调控。由于 TT3.2 可以负向调控水稻耐热（图 8-14E），所以本团队为了探究 TT3.2 蛋白质的积累会对水稻细胞造成的破坏，利用透射电子显微镜和蛋白电泳技术（blue native polyacrylamide gel electrophoresis，BN-PAGE）。结果表明，在高温条件下，TT3.2 蛋白质的积累会导致叶绿体类囊体完整性的破坏以及光系统复合物含量的降低（图 8-14D ～ F），说明水稻通过调节高温下 TT3.2 蛋白质的含量来影响水稻的高温抗性。

总结

本研究揭示了水稻当中独特的耐热机制，在 *TT3* 位点中，具有两个“势均力敌”的基因：*TT3.1* 和 *TT3.2*。常温下，TT3.1“盘踞”在细胞质膜，而 TT3.2 作为叶绿体蛋白，也“安分”地停留在叶绿体中。当高温来袭时，叶绿体成了 TT3.1 和 TT3.2 的“必争之地”，TT3.1 为了快速保护叶绿体，感受到高温变化后迅速进入多囊泡体，如同一个哨兵监视着 TT3.2 的动态，谨防它们窜入叶绿体造成破坏。TT3.1^{CG14} 具有更强的能力，因此能更多地将 TT3.2“押送”到液泡中清除；而 TT3.1^{WYJ} 能力较弱，所以 TT3.2 纷纷逃进叶绿体，对它造成破坏。

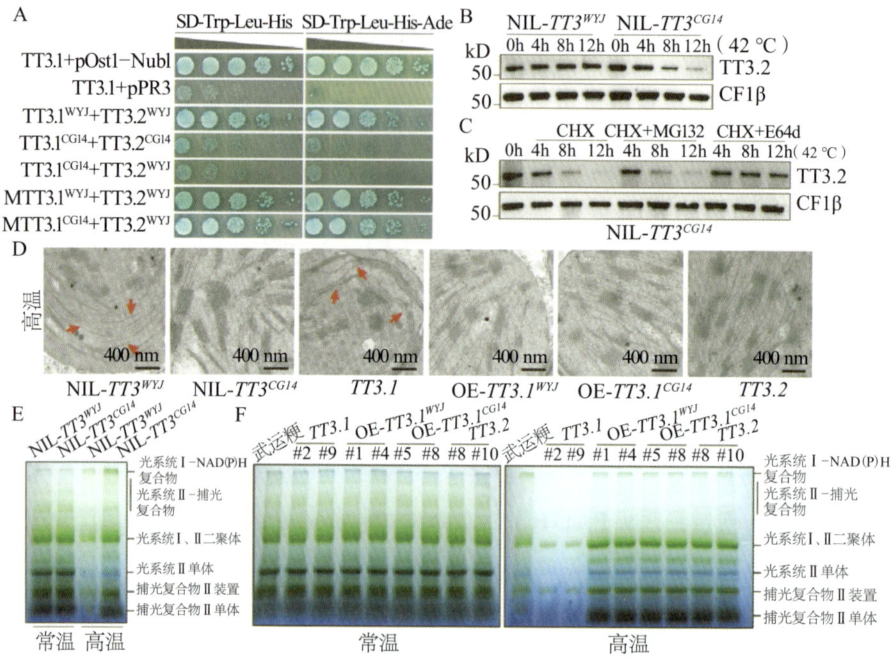

图 8-14 TT3.1 和 TT3.2 的分子关系以及两者对叶绿体的影响

注：A. TT3.1 和 TT3.2 的互作情况，TT3.1-STE/Ost1-NubI 为阳性对照，MTT3.1^{WYJ} 中的 M 是基因突变（mutation）的英文简写；B. 高温处理后，TT3.2 蛋白在 NIL-*TT3* 水稻体内降解速率的测定，CF1 β 是 ATP 合酶的 β 亚基（β subunit of ATP synthase）的英文简写；C. 高温条件下，TT3.2 蛋白质在 NIL-*TT3*^{CG14} 水稻中降解速率的测定；D. 不同水稻材料在正常条件下和高温处理后的叶绿体超微结构变化，红色箭头示意被破坏的类囊体；E 和 F. NIL-*TT3*（E）、武运粳转基因（F）水稻在正常条件下和高温处理之后类囊体复合物的含量变化，NAD（P）H 是烟酰胺腺嘌呤二核苷酸（磷酸）[**nicotinamide adenine dinucleotide**（**phosphate**）] 的英文简写。

发展前景与展望

随着耐热位点 TT2、TT3 功能的揭示，本研究明确了 TT2、TT3 调控水稻高温抗性的分子和细胞生物学基础。未来，它将作为一个优异的基因位点被应用于作物耐热育种中。通过分子标记辅助杂交的方式，将 TT2、TT3 位点定向导入感热品种，实现感热品种高温抗性的快速提升。除此之外，由于 TT2、TT3 在多种主要农作物中的保守性及高度同源性，推测在不同植物物种中可能同样具有耐高温的连锁关系，可以将其作为一个优异基因资源及靶标位点进行编辑，因此具有十分重要的生产价值和应用前景。

参考文献

[1] Matthews H D, Wynes S. Current global efforts are insufficient to limit warming to 1.5°C [J]. Science，2022，376（6600）：1404-1409.

[2] Zhao C，Liu B，Piao S，et al. Temperature increase reduces global yields of major crops in four independent estimates [J]. Proceedings of the National Academy of Sciences of the United States of America，2017，114（35）：9326-9331.

[3] Arshad M S，Farooq M，Asch F，et al. Thermal stress impacts reproductive development and grain yield in rice [J]. Plant Physiology and Biochemistry，2017，115（6）：57-72.

[4] Sreenivasulu N，Butardo V M J，Misra G，et al. Designing climate-resilient rice with ideal grain quality suited for high-temperature stress [J]. Journal of Experimental Botany，2015，66（7）：1737-1748.

[5] Zhang J, Li X M, Lin H X, et al. Crop improvement through temperature resilience [J]. Annual Review of Plant Biology，2019，70（4）：753-780.

[6] Kan Y, Lin H X. Molecular regulation and genetic control of rice thermal response [J]. the Crop Journal，2021（9）：497-505.

[7] Chen J H，Chen S H，He N Y，et al. Nuclear-encoded synthesis of the D1 subunit of photosystem Ⅱ increases photosynthetic efficiency and crop yield [J]. Nature Plants，2020，6（5）：570-580.

[8] Pandey S. Heterotrimeric G-protein signaling in plants：conserved and novel mechanisms [J]. Annual Review of Plant Biology，2019，70（4）：213-238.

[9] Li W，Zhu Z，Chern M，et al. A natural allele of a transcription factor in rice confers broad-spectrum blast resistance [J]. Cell，2017，170（1）：114-126 e115.

[10] Kan Y，Mu X R，Zhang H，et al. TT2 controls rice thermotolerance through SCT1-

dependent alteration of wax biosynthesis [J]. Nature Plants，2021，8（1）：53–67.

[11] Ma Y，Dai Y，Xu Y，et al. COLD1 confers chilling tolerance in rice [J]. Cell，2015，160（6）：1209–1221.

[12] Li X M，Chao D Y，Wu Y，et al. Natural alleles of a proteasome alpha2 subunit gene contribute to thermotolerance and adaptation of African rice [J]. Nature Genetics，2015，47（7）：827–833.

[13] Zhang H，Zhou J F，Kan Y，et al. A genetic module at one locus in rice protects chloroplasts to enhance thermotolerance [J]. Science，2022，376（6599）：1293–1300.

[14] Clapham D E. Calcium Signaling [J]. Cell，2007，131（6）：1047–1058.

[15] Jeon B W，Acharya B R，Assmann S M. The Arabidopsis heterotrimeric G-protein β subunit，AGB1，is required for guard cell calcium sensing and calcium-induced calcium release [J]. the Plant Journal，2019，99（2）：231–244.

[16] Wang M，Yu Y，Haberer G，et al. The genome sequence of African rice（*Oryza glaberrima*）and evidence for independent domestication [J]. Nature Genetics，2014，46（9）：982–988.

[17] Belda-Palazón B，Adamo M，Valerio C，et al. A dual function of SnRK2 kinases in the regulation of SnRK1 and plant growth [J]. Nature Plants，2020，6（11）：1345–1353.

[18] Karasov T L，Chae E，Herman J J，et al. Mechanisms to mitigate the trade-off between growth and defense [J]. the Plant Cell，2017，29（4）：666–680.

[19] Huot B，Yao J，Montgomery B L，et al. Growth-defense tradeoffs in plants：a balancing act to optimize fitness [J]. Molecular Plant，2014，7（8）：1267–1287.

[20] Kaur N，Sharma S，Hasanuzzaman M，et al. Genome editing：A promising approach for achieving abiotic stress tolerance in plants [J]. International Journal of Genomics，2022，4（15）：5547231.

[21] Zhang H，Li Y，Zhu J K. Developing naturally stress-resistant crops for a sustainable agriculture [J]. Nature Plants，2018，4（12）：989–996.

[22] Aniento F，de Medina Hernandez V S，Dagdas Y，et al. Molecular mechanisms of endomembrane trafficking in plants [J]. the Plant Cell，2022，34（1）：146–173.

[23] Cui Y，Shen J，Gao C，et al. Biogenesis of plant prevacuolar multivesicular bodies [J]. Molecular Plant，2016，9（6）：774–786.

后　记 | Postscript

学会联合体对 2022 年度“中国生命科学十大进展”进行了广泛宣传。2023 年 1 月，学会联合体通过《人民日报》、人民网、中新社、《光明日报》、《经济日报》、《中国青年报》、《科技日报》、《中国科学报》、《人民政府报》、《科普时报》、《工人日报》、中国网、科普中国、《中国财经报》、《科技导报》、今日头条、知乎、中国科技新闻网、科技工作者之家、《科技创新与品牌》杂志、百度、腾讯、凤凰网、网易等多家媒体及门户网站对项目评选结果进行了报道。

2023 年 4 月 8 日，学会联合全体在安徽省黄山市举办了 2022 年度“中国生命科学十大进展交流会暨科普报告会”。会议由学会联合体主办，中国生物物理学会承办，黄山市科学技术馆、黄山学院、黄山市文化馆、北京纳析光电科技有限公司协办。项目负责人奉献了精彩的“十大进展”研究成果科普报告。每场报告结束后，院士专家们都与葵园学子积极互动，对学生们提问的肯定极大地激发了葵园学子对探究生命科学的热情。通过此次科普活动，科学精神在学子中传承，激发同学们在未来的工作生活中，把科学家精神进一步转化为学习的内在动力，扎扎实实学出成绩，让报国之志为青春远航积蓄动力，让青春在实现中华民族伟大复兴中国梦的征程上绽放出绚丽光彩！

2022年度中国生命科学十大进展获奖名单
（排名不分先后）
颉伟

主办单位：中国科学技术协会生命科学学会联合体
承办单位：中国生物物理学会
协办单位：黄山市科学技术馆、黄山学院、黄山市文化馆
北京纳析光电科技有限公司
中国生命科学十大进展交流会
暨科普报告会
04.08

2022年度中国生命科学十大进展公布

2023-01-20 03:30

光明日报记者 詹媛

生命就像一部充满奥秘的“天书”，而揭示其新奥秘，是生命科学研究的目标，这些研究能促进新技术的开发、医学新突破和生物经济的发展。19日，中国科协生命科学学会联合体公布了2022年度中国生命科学十大进展。十项原创性突出、社会意义重大的科研成果入选，它们聚焦新冠病毒奥密克戎株是怎么在人体实现免疫逃逸的；全球变暖，水稻怎么才能抗高温、不减产；心脑血管、糖尿病等疾病的治疗有什么新进展等面向人民生命健康、世界科研热点的问题，将对“生命天书”的解码，又推进一步。

破解新冠免疫逃逸、水稻抗高温、认识细胞等热点难题

新冠病毒奥密克戎株不断突变，在全球引起多轮疫情，这是当前每个人都关心的热点问题。当前，解析新冠突变株的体液免疫逃逸机制，对于广谱新冠疫苗和抗体药物的研发而言，十分重要。在此次公布的十大进展中，北京大学谢晓亮、曹云龙团队联合中国科学院生物物理研究所王祥喜团队和中国食品药品检定研究院王佑春团队的

作者：高雅丽 来源：中国科学报 发布时间：2023/1/19 14:25:55 选择字号：小 中 大

2022年度中国生命科学十大进展公布

近日，中国科协生命科学学会联合体公布2022年度中国生命科学十大进展。入选的十大进展分别为：**新冠病毒突变株免疫逃逸机制；胆固醇外排的新通路及降脂新策略；哺乳动物染色体工程新技术与染色体人工演化；人类早期胚胎翻译组图谱及合子基因组激活因子研究；高精度生命全景时空基因表达地图绘制；二甲双胍靶点的发现及其延缓衰老的机制阐明；缺血性脑血管病精准治疗方案；研发颠覆性基因解码技术，描绘世界首张“扰动图谱”；多细胞生物自噬起始的分子机制；水稻抗高温基因挖掘及调控新机制。**

本年度入选项目具有原创性突出、社会意义重大的特点。其中，“新冠病毒突变株免疫逃逸机制”研究，为全球新冠疫情防控提供了新的认识；“缺血性脑血管病精准治疗方案”研究开创了国际脑血管病领域精准治疗的先河；“多细胞生物自噬起始的分子机制”研究对探究神经退行性疾病等的发生发展有重要意义。入选的研究项目均面向人民生命健康，聚焦解决热点问题。

相关新闻 相关论文

1 2099年或有逾四成陆地动物经历极端高温事件
2 新研究揭示铁基超导与奇异金属态间量化规律
3 紫外线杀虫灯或有损人体细胞
4 亚硫酸盐还原酶变毒药为食物
5 强力激光首次制造“虚拟恒亩计”
6 微型3D材料可提高燃料电池效率
7 工业硅片上长出“完美”二维超薄材料
8 东北华北等地气温将走低 南方地区将迎降雨过程

图片新闻

https://www.huangshan.gov.cn/zxzx/zwyw/8386868.html

中国政府网　安徽省人民政府网　长辈版　无障碍　简体　繁体　English　个人中心

首 页　资讯中心　市长之窗　政府信息公开　政务服务　互动交流　解读回应　政府数据　走进黄山　政务新媒体

黄山市人民政府

WWW.HUANGSHAN.GOV.CN

一网搜　本站　站群　请输入搜索关键字

当前位置：首页 > 资讯中心 > 政务要闻

2022年度中国生命科学十大进展交流会暨科普报告会在我市召开

作者：王蕾　发布时间：2023-04-10 07:59　信息来源：黄山日报　阅读次数：612次　字号：大 中 小　我要纠错　打印　收藏

4月8日上午，2022年度中国生命科学十大进展交流会暨科普报告会在我市召开。第十四届全国人大常委会委员、九三学社中央副主席丛斌，中国科协生命科学学会联合体主席孟安明，省科协副主席刘旭，副市长王恒来出席。

据悉，“中国生命科学十大进展”评选工作自2015年开展以来，旨在推动生命科学研究和技术创新，充分展示和宣传我国生命科学领域的重大科技成果，目前评选活动已连续开展8个年度。活动现场为2022年度“中国生命科学十大进展”颁奖，水稻抗高温基因挖掘及调控新机制、新冠病毒突变株免疫逃逸机制、胆固醇外排的新通路及降脂新策略等成果入选，专家们还就相关成果作了现场科普报告。

Baidu百度　百度一下

2022年度中国生命科学十大进展交流会在黄山市召开

光明网　2023-04-12 13:08

4月8日，由中国科协生命科学学会联合体主办，中国生物物理学会承办，黄山市科学技术馆、黄山学院、黄山市文化馆、北京纳析光电科技有限公司协办的2022年度“中国生命科学十大进展交流会暨青少年科普报告会”在安徽省黄山市召开。

中国科学院院士、中国科协生命科学学会联合体主席孟安明，中国工程院院士、九三学社中央副主席丛斌，中国科学院院士、中科院分子植物科学卓越创新中心研究员林鸿宣，中国生物物理学会副理事长兼秘书长张宏，安徽省科协副主席刘旭，黄山市副市长王恒来，黄山学院副校长李庆宏等出席。会议邀请了2022年度“中国生命科学十大进展”入选项目主要负责人为青少年生命科学爱好者代表作科普分享。中国科协生命科学学会联合体秘书长秦川研究员主持开幕仪式。

孟安明院士代表中国科协生命科学学会联合体对2022年度“中国生命科学十大进展”的获奖科学家们表示了祝贺。他指出，本项活动从2015年开始，至今已连续开展了8个年度，得到了中国科协、科技工作者和社会各界的高度认可和关注。活动以科普的形式面向中学生进行交流，激发孩子们爱科学、学科学的兴趣，推动青少年科学素质提升，助力帮扶地区人才振兴。

刘旭表示，安徽省科协将以此为契机，努力构建政府、社会、市场等协同推进的社会化科普大格局，促进科技资源科普化，以高质量科普供给支撑全民科学素质全面提升，为实现科技创新与科学普及“两翼齐飞”提供有力支撑。

光明网
1.8亿获赞 615.1万粉丝
中央重点新闻网站、媒体融合与创新的引领者
光明网传媒官方账号
关注

作者最新文章

“负重”打工~春熙路的爬墙熊猫有班味儿了
3分钟前　1阅读

美国将迎史上首位女性白宫办公厅主任
3分钟前　12阅读

加沙民众：关闭近东救济工程处就是切断加沙生命线
3分钟前

相关推荐

核桃补脑获证实，六个核桃斥资千万助推中国脑科研发展
证券市场周刊市场号　1评论

湖北宜昌发现中国黄垩伞属新记录种
北青网　1评论

定点帮扶山西省临县、岚县康